Wußing · Carl Friedrich Gauß

1 Carl Friedrich Gauß (30. 4. 1777 bis 23. 2. 1855)
(nach einem Gemälde von A. Jensen)

Biographien
hervorragender Naturwissenschaftler,
Techniker und Mediziner   Band 15

Carl Friedrich Gauß

Prof. Dr. sc. nat. Hans Wußing

Karl-Sudhoff-Institut
für Geschichte der Medizin
und der Naturwissenschaften
an der Karl-Marx-Universität Leipzig

5. Auflage

Mit 9 Abbildungen

BSB B. G. Teubner Verlagsgesellschaft · 1989

Herausgegeben von
D. Goetz (Potsdam), I. Jahn (Berlin), H. Remane (Halle), E. Wächtler
(Freiberg), H. Wußing (Leipzig)
Verantwortlicher Herausgeber: H. Wußing

Wußing, Hans:
Carl Friedrich Gauß / Hans Wußing. –
5. Aufl. – Leipzig : B. G. Teubner, 1989. –
92 S. : 9 Abb.
(Biographien hervorragender Naturwissenschaftler,
Techniker und Mediziner ; Bd. 15)
NE: GT

ISBN 978-3-322-00682-0   ISBN 978-3-322-93040-8 (eBook)
DOI 10.1007/978-3-322-93040-8

Gesamtherstellung: IV/2/14 VEB Druckerei „Gottfried Wilhelm Leibniz",
4450 Gräfenhainichen · 7148
Bestell-Nr. 665 700 8

00470

Vorwort zur ersten Auflage

Mit Carl Friedrich Gauß tritt uns einer der bedeutendsten Naturforscher und Mathematiker entgegen, den die Menschheit je hervorgebracht hat. Sein Wirken hat die von ihm berührten mathematischen und naturwissenschaftlichen Fachrichtungen weitgehend geformt. Vieles, was er erforscht und publiziert hat, ist erst lange nach seinem Tode in voller Tragweite deutlich geworden. Mehr als ein Jahrhundert nach seinem Ableben hält sein Einfluß auf den Fortgang der Wissenschaften noch an, trotz einer überaus hohen Entwicklungsgeschwindigkeit der gegenwärtigen Wissenschaft.
Den Fachgelehrten galt das Werk von Gauß schon zu seinen Lebzeiten als ein Monument unerhörter Größe und Gedankentiefe; hinter ihm trat sein Schöpfer unverdientermaßen in den Hintergrund. Auch gegenwärtig ist über den Menschen Gauß, seine wissenschaftliche Leistung und die persönlichen und gesellschaftlichen Lebensumstände verhältnismäßig wenig in das breite öffentliche Bewußtsein eingedrungen, jedenfalls, wie mir scheint, nicht genug, um der Bedeutung von Gauß gerecht werden und sein wissenschaftliches Vermächtnis als Teil der sozialistischen Kultur in der Deutschen Demokratischen Republik bewahren und weiterführen zu können.
Das vorgelegte Büchlein stellt sich, gemäß dem Charakter dieser Biographienreihe, die Aufgabe, Leben und Wirken von Gauß einem möglichst großen Kreis von Schülern, Studenten, Lehrern, Ingenieuren, Naturwissenschaftlern und Mathematikern nahezubringen. Darum wendet es sich nicht in erster Linie an Historiker der Mathematik oder gar an die Gauß-Spezialisten unter ihnen. Darum auch waren bei der Schilderung der wissenschaftlichen Leistungen von Gauß einige Rücksichten auf die mathematisch-naturwissenschaftliche Vorbildung des hauptsächlich angesprochenen Leserkreises zu nehmen. In beigegebenen Literaturhinweisen wird man indes Schriften angeboten finden, die auch einem gehobenen Informationsbedürfnis nachkommen.

Leipzig, im März 1973   H. Wußing

Vorwort zur dritten Auflage

In vielen Ländern der Erde wurden Leben und Werk von Carl Friedrich Gauß aus Anlaß seines 200. Geburtstages am 30. April 1977 gewürdigt.

Die Gauß-Feierlichkeiten in der Deutschen Demokratischen Republik mündeten als Höhepunkte in einen Festakt und eine internationale wissenschaftliche Tagung, die am 21. und 22. April 1977 in Berlin vom Gauß-Komitee bei der Akademie der Wissenschaften der DDR veranstaltet wurden. Darüber hinaus gab es eine Fülle weiterer wissenschaftlicher Veranstaltungen, insbesondere im Rahmen der Tätigkeit der Mathematischen Gesellschaft der DDR, und andere Aktivitäten sowie eine stattliche Anzahl von entsprechenden Publikationen, in die sich diese kleine Gauß-Biographie eingefügt hat und die nun über den ursprünglichen Anlaß des Jubiläums hinaus den Menschen und den Gelehrten Gauß einem größeren Kreis von Lesern nahebringen will.

Leipzig, im Sommer 1978 H. Wußing

Inhalt

Jugendzeit

Mstr Gebhard Diterich Gauß, Bürger
und Gaßenschlächter hat mit seiner Ehefr.
Dorothea geb. Benzen einen Sohn ge-
zeuget den 30ten April, deßen Gevattern sind 1. Christine
Margaretha Fridericia Sieversen. 2. H.
Johann Gottlieb Wagenknecht. 3. Mons.
Georg Karl Ritter. Das Kind heißt
Johann Friedrich Carl

Diese Kirchenbucheintragung vom 4. Mai 1777 über die Geburt von Carl Friedrich Gauß ist das erste amtliche Dokument zum Leben eines der bedeutendsten Mathematiker, Astronomen, Physiker und Geodäten.

Das Geburtshaus von Gauß stand in Braunschweig, Am Wendengraben. Das Haus wurde während des zweiten Weltkrieges durch Bomben zerstört. Es waren ärmliche und beengte Verhältnisse, unter denen Gauß heranwuchs. Der Vater Gebhard Dietrich Gauß (1744–1808) hatte eine Reihe von verschiedenen Berufen ausgeübt, Gassenschlächter, Weißbinder (Gärtner) und Maurer. Durch eisernen Fleiß brachte er es schließlich zu einem gesicherten, wenn auch bescheidenen Lebensunterhalt für seine Familie. In späteren Jahren behielt der Vater, nach dem Zeugnis seines Sohnes,

nur ein wenig Gärtnerei, die Assistenz bei einem Kaufmann in den Braunschweiger und Leipziger Messen (mein Vater schrieb und rechnete recht gut) und hauptsächlich ein kleines ihm ertheiltes Amt, nemlich das Einkassiren und Rechnungsführen der Gelder bei einer großen Todtenkasse. Mein Vater war ein vollkommen rechtschaffener, in mancher Rücksicht achtungswerther und wirklich geachteter Mann; aber in seinem Hause war er sehr herrisch, rauh und unfein.

Besser als mit seinem Vater stand Gauß mit seiner Mutter, die an ihrem einzigen Kinde mit großer Anhänglichkeit hing, in fortgeschrittenem Alter zu dem inzwischen berühmt gewordenen Sohn nach Göttingen zog und dort, vollständig erblindet, in hohem Alter starb.

Die Mutter Dorothea (1743–1839) war die Tochter des Steinhauers und Häuslers Christoph Benze aus dem Niedersächsischen. Sie war 1769 nach Braunschweig gekommen und hatte einige Jahre als Magd gearbeitet. 1776 heiratete sie Gebhard

Gauß, dessen erste Frau ein Jahr zuvor verstorben war. Gauß' Mutter hatte bei den damaligen schlechten Bildungsmöglichkeiten keine Schulbildung erhalten können, sie konnte nicht schreiben und nur ein wenig lesen. Sie bewies viel Umsicht bei der Führung des Haushaltes und im Zusammenleben mit ihrem Mann, zumal die Ehe wegen der gänzlichen Unterschiedlichkeit der Charaktere nicht recht glücklich wurde.

Eine hübsche und interessante Einzelheit verdeutlicht auf ihre Weise die Verbundenheit von Gauß mit seinem frühen häuslichen Milieu. Die Mutter hat, wie sie selbst mehrfach berichtete, sich des genauen Geburtstages ihres Sohnes nicht erinnern können. Sie wußte lediglich, daß sie den Jungen an einem Mittwoch acht Tage vor Himmelfahrt zur Welt gebracht hatte, das Datum aber war ihr gänzlich entfallen. Nun folgt aber das Datum des kirchlichen Festes Himmelfahrt aus dem des Osterfestes, das nicht auf einen festen Tag im Jahre fällt.

Die Berechnung des beweglichen Osterdatums hängt in komplizierter Weise mit den Mondphasen zusammen und erforderte relativ hohe astronomische und mathematische Kenntnisse. Um dieser Schwierigkeit zu begegnen, hat Gauß noch in jungen Jahren mit zahlentheoretischen Mitteln eine einfach handhabbare Formel zur Berechnung des Osterfestes aufgestellt und deren Gebrauch im Sommer 1800 allgemeinverständlich erläutert.

Gauß pflegte gegen Ende seines Lebens oft und gern aus seiner Kindheit zu erzählen. Auf diese Quelle geht eine Reihe von Anekdoten zurück, von denen man annehmen darf, daß sie dem Kerne nach unbedingt richtig sind.

Nach der einen berühmtgewordenen Geschichte hat der dreijährige Gauß mitgehört, wie sein Vater den Lohn für seine Gehilfen in der Gärtnerei berechnete. Im Begriffe, eine Summe auszuhändigen, wurde er mit dem Zwischenruf unterbrochen: „Papa, Du hast einen Fehler gemacht." Zur allgemeinen Verblüffung bestätigte eine Nachprüfung den Einwurf des Jungen. An dieser Stelle seiner Erzählung pflegte Gauß lachend hinzuzufügen, daß er eher rechnen als sprechen gelernt habe.

Im Jahre 1784, also siebenjährig, gaben die Eltern ihren Sohn in die Katharinen-Schule, die von dem Lehrer J. G. Büttner betrieben wurde. Der erste Biograph von Gauß, Wolfgang Sartorius Freiherr von Waltershausen (1809–1876), Professor der Mineralogie und Geologie in Göttingen, hat eine Schilderung des damaligen Schulbetriebes gegeben, die auch für sich genommen recht interessant ist. Hier, in der Elementarschule, spielt auch die zweite berühmtgewordene Anekdote um den jungen Gauß.

Es war eine dumpfe, niedrige Schulstube mit einem unebenen ausgelaufenen Fussboden, von der man nach der einen Seite gegen die beiden schlanken gothischen Thürme der Catharinen-Kirche, nach der anderen gegen Ställe und armselige Hintergebäude hinaus blickte. Hier ging Büttner zwischen etwa hundert Schülern auf und ab, mit der Karwatsche in der Hand, welche damals als ultima ratio (letztes Mittel – H. W.) seiner Erziehungsmethode von Gross und Klein anerkannt wurde und von der nach Laune und Bedürfniss einen schonungslosen Gebrauch zu machen er sich berechtigt fühlte. In dieser Schule, die noch sehr den Zuschnitt des Mittelalters gehabt zu haben scheint, blieb der junge Gauss zwei Jahre ohne durch etwas Außerordentliches aufzufallen. Erst nach jener Zeit brachte es der Gang des Unterrichtes mit sich, dass auch er in die Rechenklasse eintrat, in welcher die Meisten bis zu ihrer Confirmation, bis etwa zu ihrem 15ten Jahre blieben.
Es ereignete sich hier ein Umstand, den wir nicht ganz unbeachtet lassen dürfen, da er auf Gauss' späteres Leben von einigem Einfluß gewesen ist und den er uns in seinem hohen Alter mit grosser Freude und Lebhaftigkeit öfter erzählt hat. Das Herkommen brachte es nämlich mit sich, dass der Schüler, welcher zuerst sein Rechenexempel beendigt hatte, die Tafel in die Mitte eines grossen Tisches legte; über diese legte der zweite seine Tafel u.s.w. Der junge Gauss war kaum in die Rechenklasse eingetreten, als Büttner die Summation einer arithmetischen Reihe aufgab. Die Aufgabe war indess kaum ausgesprochen als Gauss die Tafel mit den im niedern Braunschweiger Dialekt gesprochenen Worten auf den Tisch wirft: „Ligget se" (Da liegt sie). Während die anderen Schüler emsig weiter rechnen, multiplizieren und addieren, geht Büttner sich seiner Würde bewusst auf und ab, indem er nur von Zeit zu Zeit einen mitleidigen und sarcastischen Blick auf den Kleinsten der Schüler wirft, der längst seine Aufgabe beendigt hatte. Dieser sass dagegen ruhig, schon eben so sehr von dem festen unerschütterlichen Bewusstsein durchdrungen, welches ihn bis zum Ende seiner Tage bei jeder vollendeten Arbeit erfüllte, dass seine Aufgabe richtig gelöst sei, und dass das Resultat kein anderes sein könne. Am Ende der Stunde wurden darauf die Rechentafeln umgekehrt; die von Gauss mit einer einzigen Zahl lag oben und als Büttner das Exempel prüfte, wurde das seinige zum Staunen aller Anwesenden als richtig befunden, während viele der übrigen falsch waren und alsbald mit der Karwatsche rectificirt (berichtigt – H. W.) wurden.

Hier trat eine ungewöhnliche Begabung zutage: Im allgemeinen erzählt man sich, Büttner habe die Aufgabe gestellt, alle ganzen Zahlen von 1 bis 100 aufzusummieren (gelegentlich wird auch von der Summe aller Zahlen von 1 bis 60 berichtet). Statt nun, wie ganz selbstverständlich für jeden normalen Schüler dieser Altersklasse, der Reihe nach zu rechnen: $1 + 2 = 3, 3 + 3 = 6, 6 + 4 = 10, 10 + 5 = 15$ usw., fiel dem jungen Gauß auf, daß in der Summation $1 + 2 + 3 + \ldots + 97 + 98 + 99 + 100$ jeweils aus zwei Zahlen am Anfang und Ende der Reihe die Zahl 101 zu bilden ist: $1 + 100 = 101, 2 + 99 = 101$ usw. Es gibt 50 solcher Paare. Es bleibt also nur eine einfache Multiplikation zu erledigen: $101 \cdot 50 = 5050$. Kein Wunder, daß Gauß nur eine einzige Zahl auf die Tafel zu schreiben brauchte und die Lösung im Handumdrehen finden konnte!

Büttner erkannte bald das Talent des jungen Gauß und bemühte sich um mathematische Bücher für ihn. Die stärkste Förderung erfuhr Gauß jedoch durch den damaligen Gehilfen Büttners, durch Johann Christian Martin Bartels (1769–1836), der den Kindern die Federn zuzuschneiden und die Schreibübungen zu kontrollieren hatte.

Bartels besaß selber ein hohes Interesse an Mathematik. Zwischen den ehemaligen Nachbarskindern, dem noch nicht zwanzigjährigen Bartels und dem heranwachsenden Gauß entwickelte sich, begünstigt durch den geringen Altersunterschied, eine vom gemeinsamen Wissensdrang getragene Freundschaft, die ein Leben lang anhielt.

Bartels, der als Sohn eines Zinngießers ebenfalls, wie Gauß, aus bescheidenen Verhältnissen stammte, vermochte sich durch große Zähigkeit hochzuarbeiten, konnte studieren und erhielt schließlich eine Berufung als Professor der Mathematik nach Rußland, zuerst nach Kasan und schließlich nach Dorpat (Tartu).

Gauß bewahrte dem von ihm auch als Mathematiker geschätzten Bartels eine dauernde Verbundenheit, verdankte er ihm doch während der braunschweigischen Schulzeit grundlegende Orientierungen auf die höhere Mathematik, die ihm Büttner beim besten Willen nicht hätte bieten können. Gauß und Bartels arbeiteten sich u. a. gemeinsam in die Lehre von den unendlichen Reihen ein.

Nach ernsthaften Vorstößen von Büttner und Bartels konnte der Vater von Gauß überzeugt werden, daß dem Sohne eine über die Volksschule hinausgehende Ausbildung zuteil werden müsse. Gauß wurde von nun an vom abendlichen Flachsspinnen befreit und durfte sich statt dessen der Lektüre wissenschaftlicher Bücher widmen. Zugleich versprachen Büttner und Bartels, sich um finanzkräftige Förderer für den Jungen zu bemühen, da der Vater das nötige Geld für das Gymnasium und das spätere Studium nicht aufbringen konnte.

Zu Ostern 1788 wurde Gauß in das Gymnasium Catharineum in Braunschweig aufgenommen, und zwar seiner glänzenden Leistungen wegen gleich in der zweiten Klasse (Sekunda). Insbesondere überraschte Gauß seine Lehrer auch durch die Schnelligkeit und Präzision, mit der er sich die alten Sprachen, Latein und Griechisch, aneignen konnte, auf die das Hauptgewicht gelegt wurde.

Im selben Jahre 1788 erhielt Bartels eine Freistelle am Collegium Carolinum in Braunschweig. Dort wirkte Eberhard August Wilhelm Zimmermann (1743–1815) als Professor der theoretischen Mathematik und Naturlehre.

Bartels vermutlich machte Zimmermann auf Gauß aufmerksam. Zimmermann seinerseits nahm sich des jugendlichen Gauß mit Tatkraft uneigennützig an, verschaffte ihm Bücher zum Selbststudium und setzte es durch, daß Gauß 1791 dem regierenden Herzog von Braunschweig, Karl Wilhelm Ferdinand, bei Hofe vorgestellt wurde.

Die Szene ist überliefert und spiegelt geradezu in klassischer Form wider, wie unter den Bedingungen des Absolutismus die Söhne des Volkes Förderung erfuhren, wenn dies zufällig der Laune, der Einsicht und dem Repräsentationsbedürfnis des Herrschers entsprach. Solche Fälle waren indes die Ausnahme; in der Regel konnten die Söhne und Töchter des Volkes die durch die Geburt gesetzten Schranken nicht überspringen, waren von der höheren Bildung ausgeschlossen, und ihre Talente blieben ungenutzt.

Die Umgebung des Herzogs empfand die Vorführung des jungen Gauß bei Hofe als eine willkommene Zerstreuung und „ergötzte sich an den Rechenkünsten des bescheidenen, etwas schüchternen 14jährigen Knaben". So berichtet Sartorius von Waltershausen, auch er mit dem Gefühl für das Unwürdige der Situation.

Der Herzog, jedenfalls hinreichend durch Zimmermann und andere einsichtige Wissenschaftler präpariert, sorgte für die finanziellen Mittel, die Gauß die Fortführung seiner Studien ermöglichten. Im Jahre 1792 wurde Gauß am Collegium Carolinum immatrikuliert und verblieb dort bis zum Jahre 1795. Auch

12

für das spätere Universitätsstudium gewährte der Herzog die nötigen finanziellen Mittel.

Das Collegium Carolinum befand sich um diese Zeit auf dem Höhepunkt seines Ansehens. Die 1745 gegründete Institution diente der Ausbildung von Offizieren, Architekten, Ingenieuren, Kaufleuten, Landwirten. Sie sollte jene Fachleute und Spezialisten herausbilden, die von einem absolutistischen Staat gebraucht wurden, die aber von den Universitäten jener Zeit mit ihrem veralteten, feudalistischen Bildungsziel nicht zu erhalten waren. (Übrigens ging aus dem Collegium Carolinum später eine der ersten bedeutenden Technischen Hochschulen hervor.) Dementsprechend standen am Collegium Carolinum, das während der Studienzeit von Gauß im Geiste der Aufklärung geführt wurde, neben den traditionellerweise gelehrten alten Sprachen und literarischen Studien vor allem auch die naturwissenschaftlichen Fächer im Vordergrund. Außer Zimmermann, dem Gauß bis zu dessen Lebensende eng verbunden blieb, nahm insbesondere Johann Joachim Eschenburg (1743–1820), Professor der Philosophie und Literatur und ein Freund Lessings, nachhaltigen Einfluß auf Gauß.

Gauß hat seine Studienzeit in hervorragender Weise genutzt; seine rasche Auffassungsgabe, auch für alte und neue Sprachen, kam ihm dabei zustatten. An mathematischen Autoren dürfte er Isaac Newton (1642–1727), Leonhard Euler (1707–1783) und Joseph Louis Lagrange (1736–1812) aufs gründlichste gelesen haben. Dazu kamen bereits eigene Ergebnisse von großer Tragweite, die seine künftige Produktivität deutlich ahnen lassen. Zugleich trat eine weitere charakteristische Eigenschaft im wissenschaftlichen Arbeitsstil von Gauß hervor, nämlich eine ganz ungewöhnliche Mischung von Rechenfertigkeit und Abstraktionsvermögen, verbunden mit einer ungeheuren Beharrlichkeit und Zähigkeit.

Schon 1791 hatte Gauß mit Untersuchungen zum arithmetisch-geometrischen Mittel begonnen. 1792 beschäftigte er sich intensiv mit der Häufigkeit der Primzahlen. Er berichtete später:

Es war noch ehe ich mit feineren Untersuchungen aus der höheren Arithmetik mich befasst hatte eines meiner ersten Geschäfte, meine Aufmerksamkeit auf die abnehmende Frequenz der Primzahlen zu richten, zu welchem Zweck ich dieselben in den einzelnen Chiliaden (Tausendern – H. W.)

abzählte, und die Resultate ... verzeichnéte. Ich erkannte bald, dass unter allen Schwankungen diese Frequenz durchschnittlich nahe dem Logarithmen verkehrt proportional sei, so dass die Anzahl aller Primzahlen unter einer gegebenen Grenze n nahe durch das Integral $\int \dfrac{dn}{\log n}$ ausgedrückt werde, wenn der hyperbolische Logarithm. verstanden werde.

Bereits 1794 war Gauß im Besitz der Methode der kleinsten Quadrate, mit deren Hilfe die Ausmittelung der Fehler an nicht genau bekannten Zahlenwerten (z. B. von Beobachtungsdaten) geleistet werden kann und auf die Gauß später bei seinen geometrisch-geodätischen Untersuchungen und in Vorlesungen häufig zurückgekommen ist. Der Anfang des Jahres 1795 war eigenen Untersuchungen zur Zahlentheorie gewidmet. Er stieß ganz auf sich gestellt, d. h. ohne Kenntnis von neueren Arbeiten auf diesem Gebiet, durch eine Art großangelegtes Experimentieren mit Zahlen bis zu einem grundlegenden Satz aus der Theorie der quadratischen Reste vor. Es handelt sich um die Lösungsmöglichkeiten der Kongruenz zweiten Grades.

Studienzeit

Nach Abschluß seiner Studien am Collegium Carolinum strebte Gauß ein Universitätsstudium an. Er wünschte sich Göttingen als Studienort, insbesondere deshalb, weil dort eine weitaus bessere Bibliothek vorhanden war als in der braunschweigischen Landesuniversität Helmstedt, an der die braunschweigischen Untertanen normalerweise studierten.

Der Herzog stimmte Göttingen als Studienort zu und verfügte, daß man dem Studiosus Gauß eine Summe von jährlich 158 Talern und einen Freitisch gewähren solle. Am 11. Oktober 1795 verließ der junge Gauß Braunschweig. Am 15. Oktober wurde er an der Göttinger Universität immatrikuliert.

Die Göttinger Universität war vom damaligen englischen König George II. – Hannover war in Personalunion mit England verbunden – im Jahre 1737 gegründet worden und gewann bald eine hervorragende Stellung unter den deutschen Universitäten. Getragen von den Ideen der westeuropäischen Aufklärung erhielt sie gleich zu Anfang eine progressive innere Struktur, die z. B. nicht – wie sonst allgemein in Deutschland – der theologischen Fakultät die bestimmende Rolle an der Universität einräumte. Hervorragende akademische Lehrer, unter ihnen der schweizerische Mediziner Albrecht von Haller (1708–1788), der Philologe Johann Matthias Gesner (1691–1761) und der klassische Philologe Christian Gottlob Heyne (1729–1812), zogen Studenten aus ganz Europa an.

In diese der Aufklärung und der empirischen Naturforschung verpflichtete Atmosphäre trat Gauß ein. Heyne wirkte noch und hatte eine der berühmtesten und fruchtbarsten philologischen Schulen Europas gegründet. Seine Vorlesungen umfaßten auch Kunstgeschichte und Archäologie und wurden von Hörern aller Fakultäten besucht. Der Historiker August Ludwig von Schlözer (1735–1809) richtete mit dem von ihm herausgegebenen „Staatsanzeiger" wirksame Angriffe gegen das absolutistische Herrschaftssystem, und Johann Christoph Gatterer (1727–1799) lehrte Universalgeschichte.

Der berühmteste Göttinger Naturforscher aus der Studienzeit
von Gauß war zweifellos der Physiker Georg Christoph Lichtenberg (1742–1799), der zugleich mit geistreichen Aphorismen als
Schriftsteller von sich reden machte. Seine Experimentalvor-
lesungen waren wissenschaftliche Attraktionen allerersten Grades, es gab zu Hören, zu Sehen und zu Riechen. Auch Goethe
versäumte es während seines Aufenthaltes in Göttingen nicht,
Lichtenbergs Vorlesungen zu genießen.
Mathematik wurde, als Gauß das Studium aufnahm, von Abra-
ham Gotthelf Kästner (1719–1800) vertreten. Aus seiner Feder
stammten in Deutschland weitverbreitete Lehrbücher; die „Anfangsgründe der Mathematik" (4 Bände) repräsentierten den
allerdings gegenüber Westeuropa und Rußland noch weitgehend
zurückbleibenden Stand der Mathematik in Deutschland. Sie
konnten den herausragenden Leistungen von Joseph Louis Lagrange und Leonhard Euler, von Jean le R. d'Alembert (1717 bis
1783), Pierre-Simon Laplace (1749–1827), Adrien-Marie Legendre (1752–1833) und Gaspard Monge (1746–1818) nicht an die
Seite gestellt werden. Es wird vielmehr gerade Gauß sein, der
die Mathematik in Deutschland in eine führende Stellung ge-
langen ließ; freilich lieferte die zu Anfang des 19. Jahrhunderts
auch in Deutschland einsetzende industrielle Revolution die entscheidenden äußeren Entwicklungsbedingungen für die Naturwissenschaften und die Mathematik.
Gauß konnte, so jung er war, bei seiner eigenen produktiven
Ader in Kästner – trotz aller gewiß vorhandenen Vorzüge und
dessen gutem Willen – keinen adäquaten Lehrer finden. Zwar
vermochte er Kästners geistreiche Epigramme zu würdigen, aber
er fand nur, Kästner sei „der erste Mathematiker unter den Dichtern und der erste Dichter unter den Mathematikern". Rückblik-
kend (1845) äußerte er sich noch einmal ziemlich deutlich so:

Kästner hatte einen ganz eminenten Mutterwitz, aber sonderbar genug, er
hatte ihn bei allen Gegenständen außerhalb der Mathematik; er hatte ihn
sogar, wenn er über Mathematik (im allgemeinen) sprach, aber er wurde
oft ganz davon verlassen innerhalb der Mathematik.

Natürlich hat Gauß bei Kästner Vorlesungen gehört. Der junge
Studiosus Gauß hat von Kästner halbkarikierende Zeichnungen
angefertigt, wenn dieser sich gemäß seiner Gewohnheit bei arith-

metischen Elementaroperationen verrechnete. Dagegen schätzte Gauß die Vorlesungen von Lichtenberg sehr. Eine Vielzahl von Lehrveranstaltungen hörte Gauß bei Heyne. Bis ins hohe Alter blieb Gauß der klassischen Philologie verbunden und las griechische und lateinische Autoren zu seinem Vergnügen. Auch zeichnen sich die von Gauß in lateinischer Sprache geschriebenen Hauptschriften durch hervorragende Klarheit und stilistische Meisterschaft aus.

Als Gauß sich im Herbst 1795 in Göttingen immatrikulieren ließ, war er sich über die Wahl seines Studienfaches noch nicht im klaren. Er schwankte zwischen dem Studium der klassischen Philologie und dem der Mathematik und hat in beiden Richtungen während seines ersten Semesters angestrengte Studien unternommen. Die Entscheidung zugunsten der Mathematik fiel eigentlich am Morgen des 29. März 1796, da er an diesem Tage eine bedeutende mathematische Entdeckung machte. Gauß berichtet:

Durch angestrengtes Nachdenken über den Zusammenhang der Wurzeln (der Kreisteilungsgleichung – H. W.) untereinander nach arithmetischen Gründen glückte es mir bei einem Ferienaufenthalt in Braunschweig am Morgen ... (ehe ich aus dem Bette aufgestanden war), diesen Zusammenhang auf das klarste anzuschauen, so daß ich die spezielle Anwendung auf das 17-Eck und die numerische Bestätigung auf der Stelle machen konnte.

Es handelte sich um die Entdeckung eines tiefliegenden „Zusammenhanges". Ein Neunzehnjähriger löste ein Problem, das seit mehr als zweitausend Jahren gestellt, aber nicht abschließend hatte beantwortet werden können: Gauß vermochte anzugeben, welche regelmäßigen Polygone mit Zirkel und Lineal konstruiert werden können.

Die Konstruktion des gleichseitigen Dreiecks und des Quadrates ist trivial, also auch die Konstruktion des regelmäßigen 3-Ecks und regelmäßigen 4-Ecks. Daraus gehen ohne weiteres, durch bloße Winkelhalbierung, 6-Eck, 12-Eck, ... und 8-Eck, 16-Eck, ... hervor.

Für das regelmäßige 5-Eck hatten schon die Pythagoreer im 5. Jahrhundert v. u. Z. eine Konstruktion mit Zirkel und Lineal angeben können. Das Pentagramm, das regelmäßige 5-Eck, wurde zum Symbol des Geheimordens der Pythagoreer und galt im Mittelalter unter der Bezeichnung Drudenfuß als mit mystischen Kräften ausgestattet. Goethe läßt im „Faust" durch eine Ratte eine Ecke des auf die Türschwelle von Fausts Studierzimmer gemalten Drudenfußes abnagen. Auf diese Weise wird der gefangene Mephistopheles befreit.

Insgesamt konnte man also schon in der Antike alle n-Ecke konstruieren, die sich aus dem 3-Eck, dem 4-Eck, dem 5-Eck bei Winkelhalbierung und Kombination aller Möglichkeiten ergeben, also z. B. auch das 15-Eck. Die Frage aber war seither offen, ob noch weitere regelmäßige n-Ecke mit Zirkel und Lineal konstruiert werden können und ob sich eine Gesetzmäßigkeit für alle diese n angeben läßt.

Gauß fand die Lösung, indem er den Zusammenhang dieses geometrischen Problems mit der Zahlentheorie erkannte. Dies war und blieb überhaupt eine der Quellen von Gauß' bedeutenden Leistungen; aus der Zusammenschau scheinbar getrennter mathematischer Disziplinen zog er die Kraft zu schrittmachenden neuen Einsichten.

Das Problem der Konstruktion des beliebigen n-Ecks entspricht der Lösung, einem Kreis ein regelmäßiges Polygon von n Ecken einzubeschreiben. Benutzt man komplexe Zahlen, so liegen alle Wurzeln der Gleichung $x^n - 1 = 0$ auf einem Kreis um den Ursprung mit dem Radius 1. Da andererseits nur Quadratwurzeln mit Zirkel und Lineal konstruiert werden können, erhebt sich die Frage, für welches n sich die Wurzeln der Gleichung $x^n - 1 = 0$ durch Schachtelung von Quadratwurzeln darstellen lassen. Für diese n ist das regelmäßige n-Eck dann mit Zirkel und Lineal konstruierbar.

Das Ergebnis lautet: Die Konstruktion des regulären n-Ecks ist mit Zirkel und Lineal für alle n möglich, die die folgende Gestalt besitzen: $n = 2^{\mu} p_1^{m_1} p_2^{m_2} \ldots p_k^{m_k}$. Dabei bedeuten μ eine nicht negative ganze Zahl, die m_i sind entweder 0 oder 1, und die p_i stellen k verschiedene *Primzahlen* der Form $2^{2^{\nu}} + 1$ dar. (Eine ganz andere Sache ist es freilich, herauszufinden, *wie* die Konstruktion auszuführen ist.)

Machen wir ein paar Proben: Bei $\mu = 0$, $k = 1$ ergeben sich für $\nu = 1$: $n = 5$ und bei $\nu = 2$: $n = 17$. Da 17 eine Primzahl ist, kann man das 17-Eck mit Zirkel und Lineal konstruieren. Bei $\nu = 3$ und $\nu = 4$ erhält man die Primzahlen $n = 157$ bzw. $n = 65\,537$; also sind auch diese beiden n-Ecke konstruierbar.

Für $v = 5$ dagegen ergibt sich eine Zahl n, die nicht Primzahl ist; denn es ist $2^{2^5} + 1$ durch 641 teilbar, wie schon Euler festgestellt hatte. Indessen gibt es unter den Zahlen $2^{2^v} + 1$ für $v > 5$ noch weitere Primzahlen, also weitere regelmäßige, mit Zirkel und Lineal konstruierbare n-Ecke.

Im „Intelligenzblatt der allgemeinen Literaturzeitung" vom 1. Juni 1796 machte Gauß seine Entdeckung durch Vermittlung seines Gönners und Förderers in Braunschweig, Professor Zimmermann, bekannt; es ist die erste Veröffentlichung von Gauß:

Neue Entdeckungen

Es ist jedem Anfänger der Geometrie bekannt, dass verschiedene ordentliche Vielecke, namentlich das Dreyeck, Fünfeck, Fünfzehneck, und die, welche durch wiederholte Verdoppelung der Seitenzahl eines derselben entstehen, sich geometrisch construiren lassen. So weit war man schon zu Euklids Zeit, und es scheint, man habe sich seitdem allgemein überredet, daß das Gebiet der Elementargeometrie sich nicht weiter erstrecke: wenigstens kenne ich keinen geglückten Versuch, ihre Grenzen auf dieser Seite zu erweitern.

Desto mehr, dünkt mich, verdient die Entdeckung Aufmerksamkeit, dass *ausser jenen ordentlichen Vielecken noch eine Menge anderer, z. B. das Siebzehneck, einer geometrischen Construction fähig ist.* Diese Entdeckung ist eigentlich nur ein Corollarium einer noch nicht ganz vollendeten Theorie von grösserm Umfange, und sie soll, sobald diese ihre Vollendung erhalten hat, dem Publicum vorgelegt werden.

C. F. Gauss, a. Braunschweig
Stud. der Mathematik zu Göttingen

Es verdient angemerkt zu werden, daß H. Gauss jetzt in seinem 18ten Jahre steht, und sich hier in Braunschweig mit eben so glücklichem Erfolg der Philosophie und der classischen Literatur als der höheren Mathematik gewidmet hat.

Den 18. April 96   E. A. W. Zimmermann, Prof.

Mit dem der Entdeckung folgenden Tag, dem 30. März 1796, eröffnete Gauß ein wissenschaftliches Tagebuch. Auf dem ersten Blatt notierte er in berechtigtem Stolz:

Principia quibus innititur sectio circuli, ac divisibilitas eiusdem geometrica in septemdecim partes etc.   Mart. 30. Brunsv.

Auf deutsch heißt das: „Die Grundsätze, auf die sich die Teilung des Kreises stützt, und seine geometrische Zerlegung in 17 Teile usw."

2 Seite aus dem Tagebuch

20

Dieses Tagebuch hat Gauß lange Zeit weitergeführt, stichwortartig gelegentlich, und dort die auf ihn einströmenden neuen
Ideen und Entdeckungen festgehalten (Abb. 2). Es blieb erhalten
und wurde nach dem Tode von Gauß wiederentdeckt. Man lernte
so viele mathematische Entdeckungen von Gauß kennen, die
er besessen, aber aus diesen oder jenen Gründen nicht publiziert
hat. Darüber wird weiter unten noch berichtet werden.
Mit jener geradezu sensationellen Entdeckung über die Möglichkeit der Konstruierbarkeit des 17-Ecks traf Gauß auch die endgültige Entscheidung zwischen seinen philologischen und mathematischen Neigungen. Er entschloß sich endgültig für die Mathematik; ihr wandte er sich mit voller Kraft zu. Noch während
des Jahres 1796 studierte Gauß aufs gründlichste Werke seiner
Vorgänger, den Franzosen Pierre de Fermat (1601–1665), der
am Beginn der modernen Mathematik stand, den großen Schweizer Mathematiker Euler, der mit einer Fülle von Abhandlungen
und Monographien das Bild der Mathematik des 18. Jahrhunderts geprägt hatte, und die zahlentheoretischen und algebraischen
Schriften des Franzosen Lagrange, der damals in Paris lebte.
Notizblätter und Randbemerkungen auf Büchern aus dieser Zeit
und die Eintragungen in das „Notizenjournal" bilden einen faszinierenden Gegensatz: Einerseits eignete sich Gauß mathematisches Handwerkzeug an, indem er zum Beispiel fleißig Integrationsübungen durchführte. Zur gleichen Zeit aber fielen ihm in
ganz rascher Folge neue, tiefliegende Einsichten zu: Schon am
8. April 1796 findet er den Beweis für das Reziprozitätsgesetz
der quadratischen Reste. Er weiß, daß die komplexen Zahlen genau so echte Zahlen sind, wie die reellen, daß den komplexen
Zahlen also das „völlig gleiche Bürgerrecht" in der Mathematik
eingeräumt werden müsse. Er beschäftigt sich mit der geometrischen Figur der Lemniskate, einer nach Art einer Acht in sich
geschlossenen Kurve (Abb. 3). Er studierte transzendente Funk-

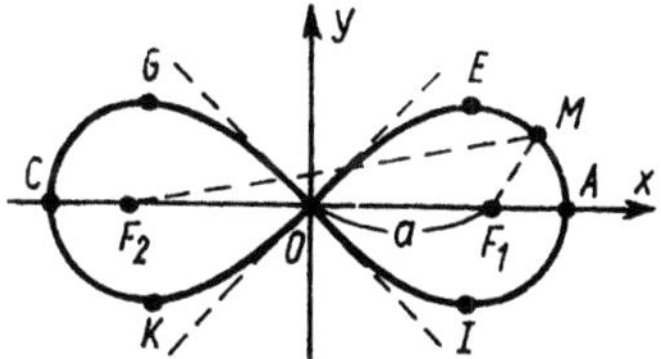

3 Lemniskate. Das Produkt der Abstände zu zwei festen Punkten ist konstant: $F_1 M \cdot F_2 M = \left(\dfrac{F_1 F_2}{2}\right)^2$

tionen wie die lemniskatischen Funktionen und die elliptischen
Funktionen; bereits 1799 weiß Gauß, wie man die Theorie der
elliptischen Funktionen insgesamt aufzubauen hätte. Doch fehlte
es Gauß an Gelegenheit zur Durchführung dieses Programmes,
das erst rund 30 Jahre später in einem grandiosen Wettstreit
zwischen dem Norweger Niels Henrik Abel (1802–1829) und
Carl Gustav Jacob Jacobi (1804–1851) mit Leben erfüllt und
publiziert werden sollte, ohne daß diese beiden Großen im Feld
der Analysis von der vorausgreifenden Einsicht von Gauß gewußt hätten. Rückblickend berichtete Gauß 1828 darüber seinem
Freund, dem Astronomen Friedrich Wilhelm Bessel (1784 bis
1846):

Zur Ausarbeitung meiner seit vielen Jahren (1798) angestellten Untersuchungen über die transcendenten Funktionen werde ich vorerst wohl noch
nicht kommen können, da erst noch mit manchen anderen Dingen aufgeräumt
werden muß. Herr Abel ist mir, wie ich sehe, jetzt zuvorgekommen und
überhebt mich in Beziehung auf etwa ein Drittel dieser Sachen der Mühe,
zumal er alle Entwickelungen mit vieler Eleganz und Concision gemacht
hat. Er hat gerade denselben Weg genommen, welchen ich 1798 einschlug,
daher die große Übereinstimmung der Resultate nicht zu verwundern ist.

Gauß hat während seiner Studienzeit verhältnismäßig zurückge-
zogen gelebt und gearbeitet und nicht an dem teilweise wilden
Studentenleben der damaligen Zeit teilgenommen, bei dem sich
die Söhne des Feudaladels unrühmlich hervortaten. Andererseits
schloß Gauß gerade um diese Zeit enge Freundschaften. Sie
zeigen ihn, der sich im fortgeschrittenen Alter im Umgang mit
Menschen reserviert verhielt, als einen Jüngling mit starkem Emp-
finden, der, dem Stil der Zeit gemäß, gelegentlich auch zum
Schwärmerischen und Romantischen neigte.
Schon von Braunschweig her, vom Collegium Carolinum, kannte
Gauß Johann Anton Ide (1775–1806), der später Professor der
Mathematik in Moskau wurde. Mit seinen Kommilitonen Hein-
rich Wilhelm Brandes (1777–1834), dem späteren Professor der
Mathematik und Physik in Breslau und Leipzig, und Johann
Friedrich Benzenberg (1777–1846), der schließlich Gymnasial-
professor der Physik in Düsseldorf wurde und dort eine Stern-
warte erbaute, blieb Gauß auch nach dem Studium brieflich ver-
bunden.
Am engsten aber schloß sich Gauß an einen jungen Ungarn an,

4 Wolfgang Bolyai (Porträt von János Szabó)

der seit Oktober 1796 in Göttingen Mathematik studierte. Wolfgang (Farkas) Bolyai von Bolya (1775–1856) stammte aus dem damaligen Siebenbürgen und wirkte später als Professor der Mathematik, Physik und Chemie am evangelisch-reformierten Collegium in Maros-Vásárhely. „Uns verband" – so äußerte sich Bolyai 1840 in der Rückerinnerung an die gemeinsame Studienzeit – „die sich äußerlich nicht zeigende Leidenschaft für die Mathematik und unsere sittliche Übereinstimmung, so daß wir oft, miteinander wandernd, mit den eigenen Gedanken stundenlang wortlos waren."

Die gemeinsamen ausgedehnten Wanderungen erstreckten sich unter anderem bis Kassel. Im Jahre 1797 besuchten sie, zu Fuß, die Eltern von Gauß in Braunschweig. Die Eltern, insbesondere die Mutter, hingen natürlich an ihrem Sohn, aber sie vermochten nicht zu überblicken, was das Studium der Mathematik sei und mit welchen Gegenständen sich ihr Junge beschäftigte. Die

23

5 Seite aus einem Brief an Bolyai vom 21. 4. 1798

Mutter nahm den Freund beiseite und erkundigte sich ganz vorsichtig, wie es denn beim Studium ginge und ob denn aus ihrem Sohn etwas werden würde. Bolyai antwortete, daß Gauß der größte Mathematiker in Europa sein werde – und die Mutter brach in Tränen aus.
Bolyai studierte bis zum Sommer 1799 in Göttingen, während sich Gauß zu diesem Zeitpunkt schon wieder in Braunschweig

aufhielt. Auf halbem Wege zwischen Göttingen und Braunschweig, in Klausthal im Harz, nahmen die beiden Freunde tiefbewegt Abschied. Sie haben sich nicht mehr gesehen. Aber die vertrauliche briefliche Verbindung, die auch ein deutliches Bild von Gauß' Charakter gibt, blieb lebenslang erhalten.

Diese Korrespondenz erhielt schließlich 1832 noch einen zusätzlichen interessanten Aspekt, weil der Sohn von Bolyai, Johann (Janos) von Bolyai, um diese Zeit über die nichteuklidische Geometrie zu publizieren begann und der Vater Bolyai das Urteil seines inzwischen zu großer Berühmtheit gelangten Jugendfreundes einholte. Doch wird darüber später Genaueres zu berichten sein.

Zahlentheorie

Im September 1798 beendete Gauß seine Studien in Göttingen und kehrte nach Braunschweig zurück. Seine finanzielle Lage war unsicher, denn der Herzog hatte sich noch nicht geäußert, ob und wie er die Unterstützung für Gauß weiterzuführen gedenke. Auch Zimmermann, der langjährige Förderer von Gauß vermochte zunächst keine Antwort zu erhalten. Am 30. September 1798 berichtete Gauß an seinen Freund Bolyai in Göttingen unter anderem folgendes:

Von meinen künftigen Schicksalen weiss ich also noch wenig Bestimmtes: ... Eine gewisse lucrative Beschäftigung habe ich verfehlt. Es hält sich hier ein russischer Gesandter auf dessen zwei junge sehr geistreiche Töchter ich in der Mathematik und Astronomie hatte unterrichten sollen. Weil ich aber zu lange ausblieb, so hat ein französischer Emigrant das Geschäft schon übernommen.

Ein Emigrant aus Frankreich also nimmt Gauß eine Möglichkeit des Erwerbs durch Privatstunden – ein deutliches Zeichen für die sich auch in Mitteleuropa anbahnenden politischen Umwälzungen als Folge der großen bürgerlichen Revolution in Frankreich von 1789.
Auf den Sturz der Monarchie in Frankreich und die Errichtung der Republik hatten 1791 Österreich und Preußen in der provokatorischen Erklärung von Pillnitz reagiert und die Wiederherstellung der Monarchie gefordert. Doch vermochten die Armeen des revolutionären Frankreich im Kriege von 1792 bis 1797 der scheinbar übermächtigen reaktionären Koalition von Österreich, Preußen, England, Spanien, Portugal, den Niederlanden und weiteren europäischen Staaten standzuhalten und sogar schließlich als Sieger aus diesem Koalitionskrieg hervorzugehen.
Inzwischen hatte sich die innenpolitische Lage in Frankreich geändert. Nach dem Sturz der Jakobiner im Sommer 1794 erlangte die französische Großbourgeoisie auf Kosten des Volkes zunehmende politische Macht und fing an, sich schamlos zu bereichern.

Der Kapitalismus begann sich in Frankreich rasch zu entwickeln. Die politische Führung lag in den Händen des sogenannten Direktoriums, das jedoch immer stärker in die Abhängigkeit der Generale gelangte. Schließlich stürzte der General Napoleon Bonaparte am 9. November 1799 durch Staatsstreich das Direktorium und erhielt als erster Konsul praktisch unbegrenzte Machtbefugnisse. Bereits der zweite Koalitionskrieg Frankreichs gegen das Bündnis der Feudalmächte Europas 1799–1802 zeigte deutliche Züge einer auf Annexion gerichteten Politik der französischen Großbourgeoisie. Von Süddeutschland und Oberitalien aus gelang es den französischen Truppen, im Jahre 1800 Österreich, die Führungsmacht in Deutschland, militärisch zu besiegen. Der sogenannte Reichsdeputationshauptschluß vom Jahre 1803, erzwungen vom Diktat Napoleons, verschob die Machtverhältnisse zwischen den deutschen Kleinstaaten zugunsten der Hegemonie Frankreichs über Deutschland, beseitigte aber zugleich die schlimmsten Auswüchse der deutschen Kleinstaaterei und leitete auch in Deutschland eine kapitalistische Entwicklung ein. Das absolutistische Regime hatte sich historisch überholt – aber noch bestand es im Herzogtum Braunschweig.

Um eben diese Zeit wartete Gauß in seiner Heimatstadt Braunschweig auf den Bescheid seines Landesherrn, ob er weiterhin mit finanzieller Unterstützung rechnen könne. Gauß berichtete brieflich am 29. November 1798: „... ich lebe jetzt grossen Theils auf Credit, da meine Finanzaussichten alle gescheitert sind." Endlich – gut beraten durch Zimmermann – sagte der Herzog weitere finanzielle Unterstützung zu: „Er (der Herzog – H. W.) wünscht ferner dass ich Dr. der Philosophie werde, ich werde es aber so lange aufschieben bis mein Werk (die „Disquisitiones arithmeticae" – H. W.) fertig ist ..."

Als Thema seiner Doktordissertation wählte Gauß wiederum eine schon geraume Zeit anstehende grundlegende mathematische Problematik, die indes trotz aller Anstrengungen früherer Generationen von Mathematikern nicht hatte befriedigend gelöst werden können. Zwar hatte schon Albert Girard (1595–1632) im Jahre 1629 den fundamentalen Satz ausgesprochen, daß eine Gleichung des Grades n genau n Lösungen besitzt, und d'Alembert hatte, neben anderen Mathematikern, 1746 einen weitgehenden Beweisversuch für diesen Fundamentalsatz der Algebra unternommen. Aber auch dieser Beweis war unvollständig geblieben. Gauß nun griff das Thema auf und schloß die entscheidenden Lücken in kritischer Auseinandersetzung mit früheren Beweisansätzen.

Die Dissertation trug den Titel „Demonstratio nova theorematis, omnem functionem algebraicam rationalem integram unius variabilis in factores reales primi vel secundi gradus resolvi posse" (Neuer Beweis des Satzes, daß jede ganze algebraische Funktion einer Variablen in reellen Faktoren ersten oder zweiten Grades zerlegt werden kann).

Gauß bewies also in der Dissertation die *Existenz* einer Zerlegung $f(x) = x^n + a_1 x^{n-1} + a_2 x^{n-2} + \ldots + a_n = (x - \alpha)(x - \beta) \ldots (x^2 + rx + s)(x^2 + ux + v) \ldots$ mit reellen $a, \beta, \ldots, r, s, u, v, \ldots$ Dann hat $f(x) = 0$ die Wurzeln α, β, und die Wurzeln der quadratischen Gleichungen $x^2 + rx + s = 0$, $x^2 + ux + v = 0, \ldots$, woraus die Existenz von genau n Wurzeln folgt, wenn mehrfache Wurzeln auch mehrfach gezählt werden.

Gauß vermied bei diesem Beweis noch den Gebrauch der imaginären bzw. komplexen Zahlen, weil diesen im allgemeinen Gebrauch der Mathematiker um diese Zeit noch einige Unklarheiten anhafteten. Wie aus der entsprechenden Tagebucheintragung hervorgeht, fand Gauß seine Beweisidee, die jedoch auf der uns heute geläufigen geometrischen Darstellung der komplexen Zahlen in der Gaußschen Zahlenebene beruht, bereits im Oktober 1797; die Dissertation wurde 1799 in Helmstedt gedruckt. Gauß hatte die Dissertation auf Wunsch des Herzogs an der braunschweigischen Landesuniversität Helmstedt eingereicht. Auf Grund der hervorragenden Leistung wurde Gauß am 16. Juli 1799 in Abwesenheit und unter Verzicht auf eine mündliche Prüfung zum Doktor der Philosophie promoviert. Das Gutachten zur Dissertation stammte von dem Helmstedter Mathematikprofessor Johann Friedrich Pfaff (1765–1825), vielleicht dem bedeutendsten deutschen Mathematiker der Generation vor Gauß. Pfaff urteilte:

Ich kann von dieser Abhandlung nicht anders als sehr vorteilhaft urteilen, da sie von des Verfassers vorzüglichen Fähigkeiten und gründlichen Einsichten einen überzeugenden Beweis enthält, so daß nach deren demnächst zu erwartenden Abdruck der Kandidat unter diejenigen zu rechnen sein wird, deren Promotion unserer Fakultät zur Ehre gereicht.

Gauß seinerseits kannte Pfaff bereits von einem kurzen Aufenthalt in Helmstedt aus dem Jahre 1798. Nach der Promotion weilte er von Dezember 1799 bis Ostern 1800 abermals in Helmstedt und fand gastliche Aufnahme im Hause von Pfaff. Gauß erkannte sehr wohl die hohen Fähigkeiten von Pfaff und blieb ihm bis zu dessen Tode in Verehrung zugetan. „Pfaff hat" – so schreibt Gauß schon 1798 – „meinen Erwartungen entsprochen. Er zeigt das natürliche Kennzeichen des Genies, eine Materie nicht eher zu verlassen als bis er sie wo möglich ergründet hat." Später sprach Gauß von einem „trefflichen Geometer", einem „guten Menschen und warmen Freund".

Auf den in der Dissertation behandelten Themenkreis ist Gauß später noch mehrfach zurückgekommen. Er fand noch drei weitere Beweise des Fundamentalsatzes der Algebra und veröffentlichte sie in den Jahren 1815, 1816 und 1849. Der dritte Beweis von 1816 benutzte ausdrücklich komplexe Zahlen. Den vierten Beweis machte Gauß zum Gegenstand seiner letzten wissenschaftlichen Originalabhandlung aus Anlaß seines Goldenen Doktorjubiläums.

Es mag vielleicht seltsam klingen, aber Dissertation und Promotion stellten für Gauß in diesen Jahren von 1797 bis 1800 im Grunde nur eine Randerscheinung seiner wissenschaftlichen Tätigkeit dar. Das Hauptinteresse richtete er vielmehr auf die Fertigstellung und Drucklegung seiner großangelegten Monographie „Disquisitiones arithmeticae" (Arithmetische Untersuchungen). Gauß sprach in den Briefen an Bolyai aus dieser Zeit stets nur als von seinem „Werke" und schilderte, wie mühsam die Drucklegung voranschritt. Dazu kam noch, daß der Umfang das vorher vereinbarte Maß wesentlich überschritt, daß der Ort der Druckerei wegen Besitzerwechsels verlegt werden mußte, und anderes mehr an Mißhelligkeiten. Schließlich aber, Sommer 1801, erschienen die „Disquisitiones arithmeticae".

Mit einem Schlage fast rückte Gauß anerkanntermaßen unter die führenden Mathematiker seiner Zeit auf. Die Petersburger Akademie wählte den jungen Gelehrten zum korrespondierenden Mitglied, auch im Hinblick auf die mittlerweile von ihm erzielten astronomischen Leistungen. Der schon alternde Lagrange, dessen Wort als unbestritten erfolgreichster Mathematiker des ausgehenden 18. Jahrhunderts großes Gewicht hatte, äußerte sich aus Paris begeistert: „Ihre Disquisitiones" – so schreibt er an den jungen Gauß am 31. Mai 1804 – „haben Sie sogleich eingereiht unter die ersten Mathematiker, und ich ersehe, daß der letzte Abschnitt (über die Theorie der Kreisteilung – H. W.) die allerschönste analytische Entdeckung enthält, die seit langer Zeit gemacht worden ist." Laplace, der berühmte Autor der „Himmelsmechanik" und in großer Gunst bei Napoleon stehend, soll ausgerufen haben: „Der Herzog von Braunschweig hat in seinem Lande mehr entdeckt als einen Planeten: einen überirdischen Geist in einem menschlichen Körper."

Die begeisterten Urteile über die „Disquisitiones" waren voll berechtigt; mit diesem Buch schuf ein noch jugendlicher Autor, im Alter von 19 bis 21 Jahren, die Zahlentheorie als selbständiges, systematisch geordnetes Fach und begründete sie als mathematische Disziplin, während sie bis dahin nur eine Ansammlung von schönen, interessanten und teilweise sogar sehr tiefliegenden Einzelergebnissen gewesen war.

Die „Disquisitiones", geschrieben in lateinischer Sprache, enthalten drei Hauptteile und behandeln die Theorie der Kongruenzen, die quadratischen Formen und die Theorie der Kreisteilung. Gauß selbst führte die Bezeichnung $\equiv$ für die grundlegende Äquivalenzrelation „Kongruenz" der Zahlentheorie ein. Wenn etwa die ganze Zahl m die Differenz $a - b$ zweier natürlicher Zahlen teilt oder, was dasselbe ist, wenn a und b bei der Division durch m denselben Rest lassen, dann sagt man, „a und b sind kongruent modulo m" und schreibt

$$a \equiv b \ (\text{mod. } m).$$

Beispielsweise ist

$$7 \equiv 13 \ (\text{mod. } 6),$$

jedoch

$$8 \not\equiv 12 \ (\text{mod. } 5).$$

Ähnlich wie für die Gleichungen kann man auch für die Kongruenzen die Frage nach der Lösbarkeit stellen. So hätte die Kongruenz

$$x \equiv 3 \ (\text{mod. } 7)$$

30

die Lösungen

$$\ldots, -11, -4, 3, 10, 17, \ldots$$

Beispielsweise ist die quadratische Kongruenz

$$x^2 \equiv 4\,(7)$$

durch alle Zahlen der Form $5 \pm n \cdot 7$, $n \geqq 0$, ganz, oder wie man sagt, durch „die Restklasse 5 modulo 7" lösbar. Dagegen gibt es keine Restklasse als Lösung der Kongruenz

$$x^2 \equiv 3(7).$$

Im allgemeinen Fall der quadratischen Kongruenz

$$x^2 \equiv a \;(\mathrm{mod.}\; m)$$

und erst recht für die allgemeine Kongruenz n-ten Grades

$$x^n + b_1 x^{n-1} + \ldots + b_n \equiv a \;(\mathrm{mod.}\; m)$$

ergeben sich höchst verwickelte und schwierige Untersuchungen, ob überhaupt und wie solche Kongruenzen lösbar sind.

In der Theorie der quadratischen Formen führte Gauß die früheren zahlentheoretischen Untersuchungen weiter, welche Zahlen A sich als quadratische Formen

$$ax^2 + bxy + cy^2$$

darstellen lassen. Hinter dieser allgemeinen Formulierung verbirgt sich eine Fülle von schwierigen Aufgaben, die seit Diophantos in der Antike, seit Pierre de Fermat, Leonhard Euler und Christian Goldbach (1690–1764) behandelt worden waren. Beispielsweise ist in dieser Fragestellung die Aufgabe enthalten (mit $a = c = 1$, $b = 0$), alle Zahlen A aufzufinden, die sich als Summe zweier Quadrate darstellen lassen: $A = x^2 + y^2$. Es ist z. B. $25 = 3^2 + 4^2$, also eine Quadratzahl selber die Summe zweier Quadrate. Gibt es noch weitere solche ganzzahligen Tripel, die man wegen der geometrischen Repräsentation pythagoreische Tripel nennt? Auch hier tritt eine Fülle schwieriger Probleme auf, und Gauß bahnte den Weg zu umfassenden Antworten.

Die Theorie der Kreisteilungsgleichung behandelt die Gleichung $x^n = 1$ oder $x^n - 1 = 0$ und führt zur allgemeinen Theorie aller n-ten Einheitswurzeln sowie zur Beantwortung des Problems, welche regelmäßigen n-Ecke sich mit Zirkel und Lineal darstellen lassen. Zweifellos bilden die „Disquisitiones arithmeticae" den Höhepunkt des algebraisch-zahlentheoretischen Schaffens von Gauß; vielleicht kann man sogar sagen, daß sie das Hauptwerk von Gauß darstellen. Das Werk „Disquisitiones arithmeticae" bereitete den Zeitgenossen beträchtliche Schwierigkeiten bei der Lektüre. Es lag weniger an den ausführlichen Rechnungen, sondern hauptsächlich am schwierigen Gegenstand und an der Tiefe der Gedanken. Es zeigte sich sogar, daß Gauß ganz deutlich auch hinsichtlich der Gesamtauffassung vom Wesen und der Methode der Algebra und Zahlentheorie seiner Zeit sehr weit voraus war und wesentliche Elemente der heutigen modernen Mathematik der Strukturen vorweggenommen hat.

Ursprünglich hatte Gauß einen zweiten Band der „Disquisitiones" in Aussicht gestellt; er ist jedoch aus Mangel an Zeit und wegen einer deutlichen Verschiebung seiner wissenschaftlichen Interessen nicht dazu gekommen. Jedoch hat Gauß die weiteren hierher gehörenden Ergebnisse zu Zahlentheorie und Algebra in zwangloser Reihenfolge veröffentlicht. Von besonderem Interesse ist jene geometrische Interpretation der komplexen Zahlen, die heute unter dem Namen „Gaußsche Zahlenebene" zu den Grundlagen der Funktionentheorie gehört. Denselben Grundgedanken hatten übrigens bereits 1792 der norwegische Geodät Caspar Wessel (1745–1818) und 1806 der Franzose Jean Robert Argand (1768 bis 1822) publiziert; aber erst die Autorität von Gauß nahm den imaginären Zahlen den letzten Hauch von Mystizismus und vorgeblicher Unklarheit. Gauß führte 1831 in der Selbstanzeige seiner „Theorie der biquadratischen Reste" die reellen Zahlen ausdrücklich als eine „Unterart" der komplexen Zahlen ein und argumentierte mit Entschlossenheit zugunsten der vollen Anerkennung der imaginären Zahlen:

Der Verf. nennt jede Größe $a + bi$, wo a und b reelle Grössen bedeuten, und i der Kürze wegen anstatt $\sqrt{-1}$ geschrieben ist, eine complexe ganze Zahl, wenn zugleich a und b ganze Zahlen sind. Die complexen Grössen stehen also nicht den reellen entgegen, sondern enthalten diese als einen speciellen Fall, wo $b = 0$, unter sich. ... Die Versetzung der Lehre von den biquadratischen Resten in das Gebiet der complexen Zahlen könnte vielleicht manchem, der mit der Natur der imaginären Grössen weniger vertraut und in falschen Vorstellungen davon befangen ist, anstössig und unnatürlich scheinen, und die Meinung veranlassen, dass die Untersuchung dadurch gleichsam in die Luft gestellt sei, eine schwankende Haltung bekomme, und sich von der Anschaulichkeit ganz entferne. Nichts würde ungegründeter sein, als eine solche Meinung. Im Gegenteil ist die Arithmetik der complexen Zahlen der anschaulichsten Versinnlichung fähig, ... So wie die absoluten ganzen Zahlen durch eine in einer geraden Linie unter gleichen Entfernungen geordneten Reihe von Punkten dargestellt werden, in der der Anfangspunkt die Zahl 0, der nächste die Zahl 1 u.s.w. vertritt; und so wie dann zur Darstellung der negativen Zahlen nur eine unbegrenzte Verlängerung dieser Reihe auf der entgegengesetzten Seite des Anfangspunktes erforderlich ist: so bedarf es zur Darstellung der complexen Zahlen nur des Zusatzes, dass jene Reihe als in einer bestimmten unbegrenzten Reihe befindlich angesehen, und parallel mit ihr auf beiden Seiten eine unbeschränkte Anzahl ähnlicher Reihen in gleichen Abständen von einander angenommen werde, so dass wir anstatt einer Reihe von Punkten ein System von Punkten vor uns haben, die sich auf eine zweifache Art in Reihen von Reihen ordnen lassen, und zur Bildung einer Eintheilung der ganzen Ebene in lauter gleiche Quadrate dienen ...

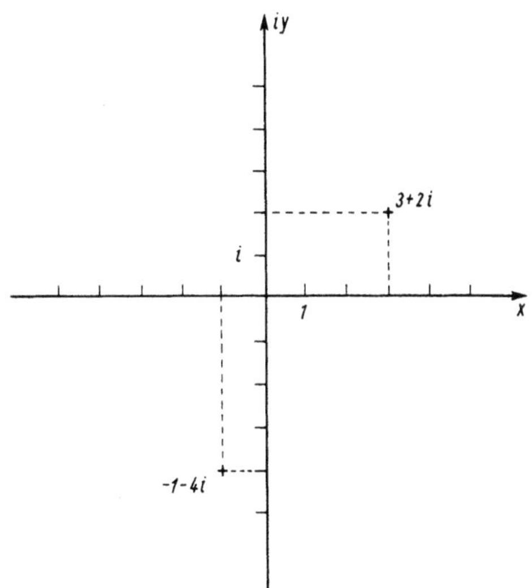

6 Prinzipskizze zur Gaußschen Zahlenebene

Dann folgen weitere Ausführungen, die auf die heute übliche Anordnung der Achsen (Abb. 6) der komplexen Zahlenebenen hinauslaufen. Zum Schluß heißt es bei Gauß:

Wir haben geglaubt, den Freunden der Mathematik durch diese kurze Darstellung der Hauptmomente einer neuen Theorie der sogenannten imagi-

nären Grössen einen Dienst zu erweisen. Hat man diesen Gegenstand bisher
aus einem falschen Gesichtspunkt betrachtet und eine geheimnisvolle Dunkelheit dabei gefunden, so ist dies grossentheils den wenig schicklichen
Benennungen zuzuschreiben. Hätte man $+\,1$, -1, $\sqrt{-1}$ nicht positive,
negative, imaginäre (oder gar unmögliche) Einheit, sondern directe, inverse,
laterale Einheit genannt, so hätte von einer solchen Dunkelheit kaum die
Rede sein können.

Astronomie

Im Sommer 1801 waren die „Disquisitiones arithmeticae" erschienen. Zu diesem Zeitpunkt hatte sich Gauß mit der ihm eigenen Entschiedenheit längst einem neuen, von ihm früher nur gelegentlich berührten Arbeitsgebiet zugewandt, der Astronomie. Der Anlaß war bemerkenswert; das Ergebnis der Arbeit war Gauß würdig.

Zum Jahreswechsel 1800/1801, am 1. Januar 1801, hatte der in Palermo tätige italienische Astronom Guiseppe Piazzi (1746 bis 1826) einen sich bewegenden Stern 8. Größe entdeckt. Es konnte sich um einen schweiflosen Kometen handeln oder auch um einen kleinen Planeten. Piazzi vermochte sein Objekt, das er Ceres genannt hatte, bis zum 11. Februar zu beobachten; dann ging es durch die Ungunst der Lichtverhältnisse in der Abenddämmerung verloren und konnte auch nicht im Spätherbst am Morgenhimmel wieder aufgefunden werden.

Erst im Frühsommer 1801 gelangte die Nachricht von der Entdeckung der Ceres nach Deutschland. Auch hier begannen führende Astronomen mit der Bahnberechnung der Ceres aus den wenigen, von Piazzi gefundenen Beobachtungsdaten, unter ihnen Franz Xaver von Zach (1754–1832) auf dem Seeberg bei Gotha und Heinrich Wilhelm Olbers (1758–1840), ein Arzt und Besitzer einer Privatsternwarte in Bremen, auf den die beste damals bekannte Methode der Bahnberechnung von Kometen zurückging. Doch lieferten die Rechnungen nicht viel mehr als eine Verdichtung der Annahme, bei der Ceres müsse es sich um einen Planetoiden und nicht um einen Kometen handeln.

Gauß hatte sich bis zum Sommer 1801 nur mit Störungsproblemen der Mondbewegung beschäftigt, als, wie er schreibt, „das Bekanntwerden von Piazzis Beobachtungen mich in eine ganz andere Richtung zog".

Gauß machte sich in aller Stille im Herbst 1801 endgültig an die Arbeit. Nach kritischer Überprüfung aller zur Verfügung stehenden Methoden faßte Gauß die Absicht, eine Methode der

Bahnberechnung zu schaffen, die – wie im Falle der Ceres – von nur relativ wenigen beobachteten Bahnelementen auszugehen hätte und keinerlei Voraussetzungen über die Lage des Perihels der elliptischen Bahn machen durfte. Dabei kamen Gauß auch die bereits 1794 ausgearbeiteten Methoden des Fehlerausgleichs mittels der Methode der kleinsten Quadrate sehr zugute.

Bereits im Spätherbst hatte Gauß seine Arbeit, die auf eine völlig neue Methode der Berechnung elliptischer Bahnen hinauslief, vollendet und teilte sie zur Veröffentlichung an v. Zach mit. Genau ein Jahr nach der Entdeckung, in der Nacht vom 31. 12. 1801 zum 1. 1. 1802 konnte v. Zach die Ceres sehr nahe an der von Gauß angegebenen Position auffinden. Einen Tag später gelang dies auch Olbers; am 22. 1. 1802 schrieb er Gauß:

Nur Ihnen, mein verehrungswürdiger Freund, verdanken wir ... die Wiederauffindung dieses neuen Planeten. Ich wenigstens ... würde die Ceres schwerlich so weit ostwärts gesucht haben, wenn nicht ihre elliptischen Elemente berechnet worden wären ...

In dieser Zeit begann eine lebenslange, auch wissenschaftlich sehr fruchtbare Freundschaft zwischen Gauß und dem um fast zwanzig Jahre älteren Olbers.

Der große Erfolg von Gauß beeindruckte die astronomische Welt zu Recht ganz außerordentlich; fast umgehend erhielt er ein Berufungsangebot als Leiter der Sternwarte an der Petersburger Akademie der Wissenschaften. Doch lehnte Gauß ab, da der Herzog für seinen berühmtgewordenen Untertanen die finanziellen Aufwendungen vergrößerte: „Was will der Gauß sich unterm 60. Grad der Breite die Augen verderben, da ich ihm alles, was er dort haben könnte, Muße und eine bequeme Lage, hier auch geben kann?", so drückte sich der Herzog gegen Gauß' langjährigen Förderer Zimmermann aus.

Gauß seinerseits berichtete am 20. Juni 1803 an seinen Jugendfreund Bolyai:

Die Vokation (der Ruf – H. W.) nach St. Petersburg hat mich nicht von hier weggezogen, unser Herzog ließ mich nicht fort und hat mir meine hiesige Lage noch angenehmer gemacht. Ich habe sogar Hoffnung zu einer kleinen hiesigen Sternwarte – falls nicht der leidige Krieg von neuem unsere Projekte hemmt – Astronomie und Reine Größenlehre, sind einmahl die Magnetischen Pole, nach denen sich mein Geisteskompaß immer wendet.

Auch dem Berufungsangebot vom Jahre 1804 für das Direktorat der Göttinger Sternwarte ist Gauß nicht nachgekommen, wohl wegen der damals günstigen Arbeitsbedingungen in Braunschweig.

Bald nach dem großen Erfolg der Wiederentdeckung der Ceres bot sich die Gelegenheit, die Gaußschen Methoden der Berechnung elliptischer Bahnen erneut auf die Probe zu stellen. Am 28. März 1802 entdeckte Olbers einen zweiten Planetoiden, die Pallas. Karl Ludwig Harding (1765–1834) fand September 1804 einen dritten, Juno, und wiederum Olbers im März 1807 einen vierten, Vesta. Die Gaußsche Methode bewährte sich hervorragend; zu einer ersten Bahnbestimmung der Vesta benötigte Gauß nur 10 Stunden!

Bis zum Jahre 1804 war Gauß, wie seine Tagebuchaufzeichnungen ausweisen, vorwiegend mit einem weiteren, außerordentlich rechenaufwendigen Problem beschäftigt, der Berechnung der Bahnstörungen von Ceres und Pallas durch die Einflüsse der großen Nachbarplaneten. Die Rechnungen weiteten sich aus. Die Störungstheorie der Pallas wurde gegen 1815 weitgehend rechnerisch vollendet, die der Ceres jedoch blieb – durch die ungünstiger werdenden Arbeitsbedingungen, über die noch berichtet werden wird – liegen. Dies klingt überraschend, aber man muß sich überlegen, daß Gauß keinerlei mechanische Rechenhilfsmittel, geschweige denn Computer, zur Verfügung standen. Das wahre Ausmaß der heroischen Arbeit von Gauß wird erst deutlich, wenn man weiß, daß er über Monate hinweg bei numerischen Rechnungen Tag für Tag rund 4 000 Ziffern niedergeschrieben hat!

Und doch ist dies nur die eine Seite der ungeheuren Arbeit, die Gauß – neben seiner praktischen Beobachtungstätigkeit und der Sorge um bessere Instrumente – in diesen knapp zwei Jahrzehnten hauptsächlich astronomischer Tätigkeit geleistet hat. Die wohl einmalige Verquickung von Rechenfertigkeit und Abstraktionsfähigkeit, wie sie Gauß auszeichnete, ließ ihn den Weg zu einer theoretischen Durchbildung seiner Methoden gehen. Er selbst hat diese innige Verflechtung in die halbironischen Worte gekleidet:

Ich habe die Unart, ein lebhaftes Interesse bei mathematischen Gegenständen nur da zu nehmen, wo ich sinnreiche Ideenverbindungen und durch Eleganz oder Allgemeinheit sich empfehlende Resultate ahnen darf, ...

Gauß bildete seine 1801/1802 gefundene Methode und die Methoden der Störungstheorie in den folgenden Jahren weiter durch und vervollkommnete sie auch hinsichtlich ihrer Handhabbarkeit. Im Jahre 1806 hatte er eine längere zusammenfassende Arbeit zur theoretischen Astronomie, „Theorie der Bewegung der Himmelskörper nach den Keplerschen Gesetzen" nahezu vollendet. Doch wünschte der Verleger aus geschäftlichen Gründen eine nicht deutschsprachige Fassung. Sie erschien nach mühsamer Übertragungsarbeit durch Gauß – „die Sachen müssen doch alle gewissermaßen selbst lateinisch gedacht werden, wenn das Werk nicht gar zu hölzern erscheinen soll" – in erweiterter Form und lateinischer Sprache 1809 in Hamburg unter dem Titel „Theoria motus corporum coelestium in sectionibus conibus solem ambientum" (Theorie der Bewegung der in Kegelschnitten sich um die Sonne bewegenden Himmelskörper).

Man hat dieses Buch nicht zu Unrecht das Gesetzbuch der rechnenden Astronomie genannt. Die „Theoria motus ..." enthielt die Methode der kleinsten Quadrate, sie lehrte die Berechnung der kegelschnittförmigen Bahnen bei unterschiedlich vorausgesetzten Beobachtungsdaten und sie demonstrierte schließlich weitreichende Methoden der Störungsrechnung.

Trotz eines einschneidenden Wechsels der äußeren Lebensbedingungen herrschten die astronomischen Interessen bei Gauß bis etwa 1820 vor. Er publizierte eine Fülle von Abhandlungen; noch mehr – numerisches Material vor allem – wurde erst aus dem Nachlaß erschlossen.

Die bedeutenden Erfolge brachten Gauß auch in engen persönlichen Kontakt zu führenden Astronomen. Er lernte außer v. Zach und Olbers auch Bessel kennen, der sich, gefördert durch Olbers, vom Handelslehrling schließlich 1810 zum Professor der Astronomie und Direktor der Sternwarte im damaligen Königsberg (Kaliningrad) emporzuarbeiten vermochte. Enge persönliche Freundschaft pflegte Gauß auch mit Heinrich Christian Schumacher (1780 bis 1850), der in dem damals zu Dänemark gehörenden Altona wohnte und seit 1810 als Professor der Astronomie in Kopenhagen wirkte. Mit Schumacher sollte Gauß auch bei seinen künftigen geodätischen Arbeiten verbunden sein.

Um 1815 zeigten sich deutliche Anzeichen für eine Erscheinung, die wir heute als das Entstehen einer Gaußschen astronomischen

Schule bezeichnen würden. Er fand eine Anzahl von Schülern, die sich an seinem Vorbild orientierten und bald zu eigener Bedeutung gelangten. Zu ihnen gehörten August Ferdinand Möbius (1790–1868) in Leipzig, Johann Franz Encke (1791–1865) in Berlin, Christian Ludwig Gerling (1788–1864) in Marburg und Friedrich Bernhard Gottfried Nicolai (1793–1846) in Mannheim.

Im zeitlichen und sachlichen Zusammenhang mit den Untersuchungen zur Astronomie hat Gauß auch einige hochbedeutsame Beiträge zur Analysis geleistet; einige von ihnen sind in ihrer vollen Tragweite erst nach Sichtung des Nachlasses und der Tagebucheintragungen deutlich geworden. Dazu gehören seine Untersuchungen über elliptische Funktionen, über das arithmetisch-geometrische Mittel, ferner die Fortsetzung der Studien über die Lemniskate. Auch mit Funktionentheorie, d. h. den Funktionen komplexer Variabler hat sich Gauß befaßt und gelangte schon 1811 zum Hauptsatz der Funktionentheorie, den der hochbedeutende französische Mathematiker Augustin-Louis Cauchy (1789 bis 1857) erst 1825 bekannt gemacht hat.

Im astronomischen Zusammenhang wandte sich Gauß auch Reihenuntersuchungen zu, da bei Störungsrechnungen Reihenentwicklungen auftreten, deren Konvergenzverhalten abzuschätzen ist, bei denen also zu untersuchen ist, wie schnell sie sich ihrem Summenwert nähern. In einem unvollendet gebliebenen Artikel aus dem Jahre 1800 über „grundlegende Konzeptionen der Prinzipien der Reihenlehre" formulierte er einen ganz modernen strengen Grenzwertbegriff, wiederum zeitlich vor Cauchy. Gauß führte die Begriffe der oberen Schranke und der kleinsten oberen Schranke bzw. der unteren und der größten unteren Schranke ein. Seine Begriffe decken sich fast genau mit dem, was wir heute als „limes superior" bzw. „limes inferior" bezeichnen.

Der bedeutendste Beitrag von Gauß zur Reihenlehre bestand in der 1813 erfolgten Publikation der Abhandlung „Disquisitiones generales circa seriem infinitam

$$1 + \frac{\alpha \cdot \beta}{1 \cdot \gamma} x + \frac{\alpha\,(\alpha+1)\,\beta\,(\beta+1)}{1 \cdot 2 \cdot \gamma \cdot (\gamma+1)} xx$$

$$+ \frac{\alpha\,(\alpha+1)\,(\alpha+2)\,\beta\,(\beta+1)\,(\beta+2)}{1 \cdot 2 \cdot 3 \cdot \gamma \cdot (\gamma+1)\,(\gamma+2)} x^3 + \text{etc}"$$

(Allgemeine Untersuchungen über die unendliche Reihe ...). Dort findet sich die erste auf strenger Grundlage durchgeführte Konvergenzbetrachtung in der Geschichte der Mathematik. Die heute als „hypergeometrisch" bezeichnete Reihe enthält in sich – bei entsprechender Verfügung über die Parameter α, β, γ – einen Hauptteil aller zu damaliger Zeit benutzten transzendenten Funktionen, z. B. die Exponentialfunktion, die logarithmische Funktion, die Sinusfunktion. „Man kann behaupten, dass bisher kaum irgend eine transcendente Function von den Analysten untersucht sei, die sich nicht auf diese Reihe zurückführen liesse", so sagt Gauß mit Recht.

Und noch ein prinzipiell neuer Gedanke über das Wesen der Reihenentwicklung wird von Gauß in der Anzeige zu dieser Abhandlung vorgebracht: Hatten die Mathematiker des 17. und 18. Jahrhunderts bekannte Funktionen in eine Reihe entwickelt, um z. B. Integrationen ausführen zu können, so betont Gauß, daß die (konvergierende) Funktionsreihe die Funktion selbst definiert: „Hier gilt ... die Reihe selbst als Ursprung der transzendenten Functionen."

Damit ist gedanklich eine ungeheure Ausdehnung des Feldes der Analysis vorbereitet: Die systematische Untersuchung der analytischen, d. h. durch konvergierende Potenzreihen dargestellten Funktionen durch Karl Weierstraß (1815–1897) führte gegen Ende des 19. Jahrhunderts zu weitreichenden Resultaten. Gauß selbst drückte sich 1812 folgendermaßen aus:

Die transzendenten Functionen haben ihre wahre Quelle allemal, offen liegend oder versteckt, im Unendlichen. Die Operationen des Integrirens, der Summation unendlicher Reihen, der Entwicklung unendlicher Producte, ins Unendliche fortlaufender continuirlicher Brüche, oder überhaupt die Annäherung an eine Grenze durch Operationen, die nach bestimmten Gesetzen ohne Ende fortgesetzt werden – diess ist der eigentliche Boden, auf welchem die transcendenten Functionen erzeugt werden ...

Familiäres

Der alternde Gauß galt als unnahbar, verschlossen, unzugänglich, als Olympier auf dem hohen Berg der Wissenschaft thronend, unerreichbar gewöhnlichen Sterblichen. Gewiß war er spröde im Umgang mit Menschen, die er nicht näher kannte. Doch in seinen Briefen an die Freunde, zumal aus seiner Jugendzeit, tritt uns ein Mensch entgegen, der starker Freuden und echter Gefühle fähig war und schwer unter Schicksalsschlägen gelitten hat.

Die ersten Jahre des neuen Jahrhunderts waren die glücklichsten Jahre seines Lebens. Rasch wuchs seine Anerkennung als Mathematiker und Astronom – und er verliebte sich:

Seit drei Tagen ist der für diese Erde fast zu himmlische Engel meine Braut. Ich bin überschwenglich glücklich.

Das Mädchen seiner Träume hieß Johanna und war einziges Kind des – damals bereits verstorbenen – Braunschweiger Weißgerbermeisters Osthoff. Johanna, geboren am 8. Mai 1780, war von zierlicher Gestalt und fröhlichem Naturell.

Vier Monate erst nach dem Antrag von Gauß willigte Johanna in die Heirat ein; sie hatte, ein einfaches Mädchen, gezögert, dem berühmten Gelehrten das Jawort zu geben. Im Spätherbst 1804 konnte Gauß seinem Freund Wolfgang Bolyai im fernen Siebenbürgen freudig erregt endlich die Verlobung mitteilen: „Das Leben steht wie ein einziger Frühling mit neuen, glänzenden Farben vor mir." Im Oktober 1805 fand die Hochzeit in Braunschweig statt; im August des nächsten Jahres wurde ihr erstes Kind, Joseph, geboren. Als Gauß im Sommer 1807 einige Wochen in Bremen bei seinem Freunde Olbers zubrachte und bei dieser Gelegenheit nun auch Bessel persönlich kennenlernte, gingen zärtliche Briefe zwischen Bremen und Braunschweig hin und her.

Die politischen Ereignisse der Jahre 1806/1807 bestimmten das persönliche Schicksal von Gauß und seiner Familie.

Unter dem Druck der napoleonischen Armee brach das feudal

rückständige Preußen in der Doppelschlacht von Jena und Auerstädt im Oktober 1806 militärisch zusammen. Der Oberbefehlshaber der preußischen und mit ihnen verbündeten sächsischen und braunschweigischen Truppen war der greise Herzog Karl Wilhelm Ferdinand von Braunschweig, also der Landesherr von Gauß. Der Herzog wurde in der Schlacht schwer verwundet und verstarb auf der Flucht vor französischer Gefangenschaft.
Mit dem Tode des Herzogs und der harten finanziellen Bedrückung durch die französische Besatzung zerschlugen sich alle etwa noch bestehenden Pläne zur Errichtung einer Sternwarte in Braunschweig. Die Unterstützung aus den herzoglichen Kassen erlosch.
Mit Rücksicht auf seine Familie nahm Gauß daher eine Berufung nach Göttingen an, die schon im Jahre 1804 ernsthaft erörtert worden war. Am 25. Juli 1807 wurde Gauß, zusammen mit Karl Ludwig Harding, das Direktorat der Göttinger Sternwarte übertragen. Gauß blieb bis zu seinem Tode in dieser Funktion als Professor der Astronomie und Direktor der Sternwarte.
Am 21. November 1807 traf Gauß mit seiner Familie in Göttingen ein. Die Reise in der Postkutsche von Braunschweig nach Göttingen war Johanna schlecht bekommen. Hatte sie dabei an die Worte des alten Spötters Lichtenberg gedacht, bei dem ihr Mann während seines Studiums noch Vorlesungen gehört hatte?

Sie streichen die Postwagen rot an, als die Farbe des Schmerzes und der Marter, und bedecken sie mit Wachsleinen, nicht, wie man glaubt, um die Reisenden gegen Sonne und Regen zu schützen (denn die Reisenden haben ihren Feind unter sich, das sind die Wege und die Postwagen), sondern aus derselben Ursache, warum man denen, die gehenkt werden sollen, eine Mütze über das Gesicht zieht: damit nämlich die Umstehenden die gräßlichen Gesichter nicht sehen mögen, die jene schneiden.

Die erste Zeit hatte es die Familie nicht leicht. Die Wohnung war bescheiden: „Kleine, schmutzige Säle, eine räucherige, zugige Küche, alte, phlegmatische Wirtsleute", so berichtete Johanna nach Braunschweig. Dem Herrn Direktor der Sternwarte, Professor Dr. C. F. Gauß wurden 2 000 Franken, eine beträchtliche Summe, als Anteil an den französischen Kriegskontributionen auferlegt, obwohl er noch keinen Groschen Gehalt bekommen hatte. Doch wurde er dieser Sorge ganz überraschend enthoben, da ihm diese Summe anonym aus Frankfurt zur Verfügung gestellt wurde.
Indessen ging die wissenschaftliche Arbeit von Gauß im ganzen

gut voran, trotz der Belastung durch die ungewissen politischen
Verhältnisse. Er war beobachtend astronomisch tätig, publizierte
1808 einen dritten Beweis des Fundamentalsatzes über quadratische Reste („Theorematis arithmetici demonstratio nova") und
bereitete sein großangelegtes Werk „Theoria motus corporum
coelestium" (Theorie der Bewegung der Himmelskörper) vor; es
erschien 1809. Im Herbst 1808 hielt Gauß seine erste Vorlesung,
und zwar über Astronomie. Er arbeitete die Antrittsvorlesung
sorgfältig aus und sprach in wohlgesetzter Rede über die Erha-
benheit der Astronomie und über deren Nutzen bei Zeitbestim-
mung und Hochseeschiffahrt.
Ungetrübt war sein Glück mit Johanna. Am 29. Februar 1808
schenkte sie ihm ein zweites Kind, die Tochter Wilhelmine, oder
Minchen, wie man sie zärtlich nannte. Gauß berichtete nach Braunschweig:

Liebste Eltern.
Vor allen Dingen muß ich Ihnen die erfreuliche Nachricht melden, daß
meine liebe Frau heute Morgen um 6 Uhr von einem gesunden Mädchen
glücklich entbunden ist. Meine Frau befindet sich den Umständen nach
wohl. Das Mädchen ist zwar nicht so zart und hübsch wie der Joseph gleich
anfangs war, aber sehr wohlgestaltet und gesund und stark ... Der Himmel
gebe sein weiteres Gedeihen. Das arme Kind ist zu bedauern, daß es
gerade am Schalttage die Welt erblickt und also nur alle 4 Jahre einen
Geburtstag zu feiern hat.

Im September desselben Jahres schilderte Gauß zufrieden sein
Familienleben gegenüber seinem Freund Bolyai:

Glücklich fließen die Tage in dem einförmigen Gange des häuslichen Lebens
dahin: wenn das Mädchen einen neuen Zahn kriegt, oder der Junge ein
paar neue Wörter gelernt hat, so ist das fast ebenso wichtig, als wenn ein
neuer Stern und eine neue Wahrheit entdeckt ist.

Unerwartet, aus heiterem Himmel, brach Unglück über die Familie herein. Johanna hatte am 10. September 1809 einem dritten
Kinde, Ludwig, das Leben geschenkt. Sie kränkelte wochenlang
und vermochte sich nicht zu erholen. Am 11. Oktober verstarb sie.
Tags darauf verfaßte Gauß einen erschütternden Brief:

Lieber Olbers! Sie luden mich so freundlich ein, Sie zu besuchen, wenn
meine Frau sich wohlbefände. Jetzt befindet sie sich wohl. Gestern abend
um 8 Uhr habe ich ihre Engelsaugen, in denen ich seit fünf Jahren einen
Himmel fand, zugedrückt. Der Himmel gebe mir Kraft, diesen Schlag zu

ertragen. Erlauben Sie mir jetzt, teuerer Olbers, bei Ihnen ein paar Wochen in den Armen der Freundschaft Kräfte für das Leben zu sammeln, das jetzt nur noch als meinen drei unmündigen Kindern gehörig Wert hat.

Zwei Wochen hielt sich Gauß bei Olbers in Bremen auf. Hier nahm er endgültig schmerzlichen inneren Abschied von Johanna. Auf der Rückkehr besuchte er in Hamburg Johann Georg Repsold (1770–1830), den Leiter einer vorzüglichen optischen Werkstatt, und in Altona den bereits genannten H. Chr. Schumacher, mit dem er in den kommenden Jahrzehnten eng befreundet bleiben sollte.

Entschlossen wandte sich Gauß wieder seiner Wissenschaft zu. Doch noch einmal muß er einen schweren Schicksalsschlag hinnehmen: Am 1. März 1810 starb der inzwischen fast halbjährige Ludwig, der das Leben der Mutter gekostet hatte.

Der älteste Sohn von Gauß, Joseph, war nach dem Astronomen Guiseppe (d. i. Joseph) Piazzi benannt worden, der aus Anlaß der Forschung um die Ceres in so enge Beziehung zu Gauß gekommen war. Joseph absolvierte die höhere Schule, trat nach kurzer Studienzeit an der Göttinger Universität 1824 in die hannoversche Armee ein, wurde Leutnant, später Oberleutnant der Fußartillerie. Eine Zeitlang wirkte Joseph als Assistent seines Vaters bei der Vermessung des Königreiches Hannover mit. Auf einer Reise nach den USA, 1836, studierte er die fortgeschrittenen Methoden im Eisenbahnbau. Im März 1842 leistete Joseph Gauß mit seinem Artilleriebataillon wesentliche Hilfe bei der Bekämpfung des großen Brandes von Hamburg. Später, 1846, trat Joseph Gauß aus der Armee aus und zeichnete sich an hervorragender Stelle beim Bau der hannoverschen Eisenbahnlinien aus. Joseph ähnelte seinem Vater sehr, auch hinsichtlich seines Charakters. Er starb hochangesehen am 4. Juli 1873 in Hannover.

Wilhelmine Gauß, seine erste Tochter, war nach Gauß' Freund Wilhelm Olbers benannt worden. Innerhalb der Familie hieß sie mit dem Kosenamen Minna. Sie wurde ein sehr schönes und kluges Mädchen und erhielt schon in jüngeren Jahren zahlreiche Heiratsanträge. Im September 1830 schloß sie die Ehe mit Heinrich Ewald (1803–1875), einem Göttinger Professor für Orientalistik, der mit ihrem Vater befreundet war. Die Ehe wurde sehr glücklich, trotz einer ganz außergewöhnlichen Zerstreutheit ihres Mannes. Unglücklicherweise besaß Wilhelmine, ähnlich wie ihre

Mutter, nur eine schwache körperliche Konstitution und steckte sich bei der Pflege der kranken Stiefmutter später an; Wilhelmine starb schon am 12. August 1840 in Tübingen.

Man kann oft beobachten, daß glücklich verheiratet gewesene Männer recht bald nach dem Tode ihrer Frau eine zweite Ehe eingehen. Auch Gauß hat so gehandelt, zum Erstaunen seiner Freunde und Kollegen. Immerhin aber mußten sie gelten lassen, daß zwei kleine Kinder, Joseph und Wilhelmine, zu betreuen waren.

Die Wahl von Gauß fiel auf eine Freundin der verstorbenen Johanna, auf Minna Waldeck. Sie war die jüngste Tochter des Göttinger Professors der Rechte Johann Peter Waldeck (1751 bis 1815). Die am 15. April 1788 geborene Minna war rund acht Jahre jünger als Johanna. Minna besaß nicht die natürliche Fröhlichkeit wie Johanna und war von übergroßer Reizbarkeit und Empfindlichkeit. In der Ehe kam es zu gelegentlich bedeutenden Spannungen; sie war am 4. August 1810 geschlossen worden. Doch war Minna auch für die Kinder aus erster Ehe eine liebevolle Mutter.

Inzwischen war, nach dem Ende der Napoleonischen Kriege, mit dem Bau der neuen Sternwarte vor den Toren der Stadt Göttingen begonnen worden. Dort lagen auch die Räume der Dienstwohnung von Gauß. Im Oktober 1816 bezog er mit seiner Familie die neue Wohnung. Unglücklicherweise verschlechterte sich Minnas Gesundheitszustand nach 1818 ziemlich rasch. Briefe aus dieser Zeit und verschiedene Kuraufenthalte Minnas in Bad Pyrmont und Bad Ems zeigen, daß sie ohne Zweifel an Lungentuberkulose litt.

Minna konnte in den zwanziger Jahren nicht mehr die Repräsentationsverpflichtungen übernehmen, die ihr notwendigerweise als Gattin von Gauß zugefallen wären, der sich im In- und Ausland und als Mitglied der Philosophischen Fakultät im Kreise seiner Kollegen ständig steigender Anerkennung und Autorität erfreuen konnte. Sie starb, nach langen Leiden, am 12. September 1831.

Minna hat drei Kinder zur Welt gebracht, am 29. Juli 1811 den Sohn Eugen, am 23. Oktober 1813 den Sohn Wilhelm und am 9. Juni 1816 die Tochter Therese.

Der Sohn Eugen verdient die größte Aufmerksamkeit von allen Kindern von Gauß, einesteils, weil das Verhältnis zum Vater

7 Gauß auf der Terrasse der Sternwarte in Göttingen

auch Rückschlüsse auf den Charakter von Gauß zuläßt, andererseits, weil Eugen bemerkenswerte geistige Fähigkeiten entwickelt und ein interessantes Leben geführt hat.

Ursprünglich setzte Gauß große Erwartungen in Eugen, der sich als Knabe bereits hochtalentiert für Sprachen und Mathematik erwies. Dennoch widersetzte sich Gauß mit aller väterlichen Autorität dem Wunsche Eugens zu einem Mathematik- oder Philologiestudium, vermutlich deswegen, weil er glaubte, daß sein Sohn es ihm an Leistung und Bedeutung nicht gleichtun könne und deswegen sein Leben lang durch den Vergleich mit dem Vater leiden würde. Statt dessen wurde Eugen in Göttingen für das Studium der Rechte immatrikuliert.

Unlust beim nicht gewünschten Studium und ein heftiges Temperament führten dazu, daß der Sohn eine Art innere Revolte gegen den Druck des übermächtigen Vaters führte. Eugen studierte weniger die Bücher und statt dessen häufiger die Bierstuben. Schließlich gab Eugen für seine Zechkumpane ein Festessen und ließ die Rechnung seinem Vater zustellen.

Es kam zum sofortigen Bruch. Gauß erregte sich schrecklich über den „Taugenichts", wie er sich ausdrückte. Eugen entschloß sich im Frühherbst 1830, ohne seine Eltern zu konsultieren, zur Aus-

wanderung nach den USA. Gauß bat über seine Freunde Olbers
und Schumacher den Chef der Hamburger Polizei, nach Eugen
suchen zu lassen, jedoch ohne Erfolg. Schließlich erfuhr Gauß,
daß sich der Sohn in Bremen aufhalte und reiste ihm nach. Doch
Eugen weigerte sich zurückzukehren und betrat im Dezember
1830, im Besitze einer bedeutenden finanziellen Zuwendung seines Vaters, amerikanischen Boden. Doch konnte er zunächst be-
ruflich nicht Fuß fassen, verbrauchte seine finanziellen Reser-
ven und trat in die amerikanische Armee ein. Um aus dem
ihm unerträglich scheinenden Soldatenleben wieder ausscheiden
zu können, bat Eugen den Vater nochmals um finanzielle Hilfe,
vergebens, da Gauß dem Rate seines Freundes Gerling folgte.
Eugen hat dann ausführliche theologische Selbststudien getrie-
ben, die Indianersprache der Sioux mit Leichtigkeit erlernt und
als eine Art Missionar die Bibel in die Sioux-Sprache übersetzt.
Daneben hatte er, wiederum ganz auf sich gestellt, die griechische
Sprache erlernt.
Erst nach 1838 stellte Gauß seinem Sohn Eugen das Erbteil
der inzwischen verstorbenen Mutter zur Verfügung. Eugen ließ
sich als Geschäftsmann in St. Charles, Missouri, nieder, wurde
Getreidegroßhändler, später erster Direktor der von ihm orga-
nisierten Nationalbank. Er heiratete 1844, hatte sieben Kinder
und konnte noch im hohen Alter hervorragend im Kopf rechnen, wie sein Vater. Als letztes von Gauß' Kindern starb Eugen
fünfundachtzigjährig am 4. Juli 1896 in Boone County, nahe
Columbia, Missouri.
Die schwerkranke Mutter von Eugen und Gauß haben unter dem
unglücklichen Verhältnis zu dem Sohn schwer gelitten; gewiß
besaß auch der Vater ein gutes Teil Schuld. Nach dem Abschied in Bremen haben sich Vater und Sohn nicht wieder gesehen. Erst nach und nach kam ein Briefwechsel zustande; aus
Anlaß der Hochzeit von Eugen sandte der Vater zum erstenmal
wieder einen im herzlichen Ton gehaltenen Brief.
Gauß' zweiter Sohn aus zweiter Ehe, Wilhelm, erlernte die Land-
wirtschaft, hielt es jedoch in jungen Jahren nicht lange an einer
Stelle aus. Nach vorübergehender Tätigkeit als Geschäftsmann
in Potsdam heiratete Wilhelm 1837 eine Nichte von seines Vaters
Freund Bessel. Das junge Paar siedelte nach New Orleans in
den USA über, erwarb eine Farm, und es hatte dabei beträcht-

lichen geschäftlichen Erfolg. Wilhelm hatte acht Kinder und starb als Schuhgroßhändler und sehr wohlhabender Mann am 23. August 1879 in St. Louis, Missouri.

Die zweite Tochter von Gauß, Therese, ähnelte ihrer Mutter in der äußeren Erscheinung und auch charakterlich. Bald nach dem Tode der Mutter, also noch als junges Mädchen, übernahm Therese die Führung des väterlichen Haushaltes, dem auch noch die Mutter von Gauß angehörte, die schließlich völlig erblindet und hochbetagt am 18. April 1839 verstarb.

Die Beziehungen von Gauß zu seinen Töchtern, insbesondere zu Therese, waren stets sehr herzlich. Therese war für den alternden Gauß auch eine große seelische Stütze und seine ständige Begleiterin. Erst nach dem Tode des Vaters, dem Therese einen guten Teil ihres Lebens gewidmet hatte, gestaltete sie ihre Angelegenheiten selbst. Nach vorübergehendem Aufenthalt in der Schweiz heiratete sie 1856 in Elsterwerda einen Schauspieler, Constantin Wilhelm Staufenau. Die Ehe blieb kinderlos. Therese starb am 11. Februar 1864 in Dresden.

Geometrie

Auch die Geometrie gehört zu jenen Arbeitsgebieten, die das Lebenswerk von Gauß geprägt haben. Über die zahlreichen bedeutenden Publikationen hinaus ist Vieles – und sogar das besonders Tiefliegende – erst aus dem Nachlaß und nach Einsicht in das Tagebuch bekannt geworden.

Wir wissen heute, daß Gauß bereits 1792, also schon während seiner Studienzeit in Braunschweig, ernsthaft über die Grundlagen der Geometrie nachgedacht hat.

Die klassische Darstellung der Mathematik durch den antiken Mathematiker Euklid (365?–300? v. u. Z.) hat noch weit bis in die Neuzeit große Teile der Mathematik nach Inhalt und Methode bestimmt. Euklid hatte fünf Grundannahmen (Postulate) an die Spitze der Geometrie gestellt. Die ersten vier Postulate klingen ganz selbstverständlich und unmittelbar einleuchtend; so behauptet das vierte lediglich, daß alle rechten Winkel gleich sind. Doch das fünfte Postulat hält – wenn man es in moderner Fassung formuliert – den komplizierten Sachverhalt fest, daß es zu einer Geraden durch einen nicht auf ihr liegenden Punkt genau eine Parallele gibt. Man bezeichnet daher das fünfte Postulat auch kurz als Parallelenpostulat.

Man hatte schon seit der Antike versucht, das fünfte, scheinbar zusammengesetzte Postulat mit Hilfe der anderen vier zu beweisen und damit die euklidische Geometrie auf vier Postulate zu gründen. Die Geschichte der Mathematik kennt noch weit bis ins 19. Jahrhundert hinein eine Anzahl solcher Beweisversuche. Wir wissen heute, daß es sich lediglich um Scheinbeweise gehandelt hat. Der Fehler beruhte darauf, daß an Stelle des fünften Postulates eine andere, selbstverständlich klingende geometrische Annahme mitverwendet wurde, die allerdings auch erst zu beweisen gewesen wäre oder als neues fünftes Postulat ausdrücklich hätte herausgehoben werden müssen.

Diese merkwürdige Unbestimmtheit der Stellung des fünften Postulates im sonst so vollkommen sich darbietenden System der euklidischen Geometrie wurde von den Geometern der Neuzeit als der „Makel des Euklid" empfunden; seiner Beseitigung galten im 17. und 18. Jahrhundert verstärkte Bemühungen. Doch lieferten alle Untersuchungen nichts anderes an sicheren Ergebnissen, als daß das fünfte Postulat bezüglich des Aufbaues der Geometrie mit anderen Grundannahmen gleichwertig ist, zum Beispiel der, daß die Winkelsumme im Dreieck gleich zwei rechten Winkeln ist. Bei derartigen Untersuchungen hatten John Wallis (1616 bis 1703) und Legendre, und dann später Ferdinand Karl Schweikart (1780–1857) und Franz Adolf Taurinus (1794–1874) am Beginn des 19. Jahrhunderts besonders wertvolle Resultate erzielt.

Wir wissen heute – gerade auch durch die Leistung von Gauß –, daß das fünfte Postulat von den anderen vier euklidischen Postulaten unabhängig ist, also nicht mit Hilfe der ersten vier bewiesen werden kann. Fügt man den vier ersten Postulaten das fünfte oder ein dazu äquivalentes Postulat hinzu, so läßt sich auf dieser Grundlage das gesamte Gebäude der euklidischen Geometrie errichten. Wählt man aber ein anderes, nichtäquivalentes Postulat, dann entsteht auch eine in sich richtige, logisch völlig einwandfreie Geometrie, aber eben eine nichteuklidische Geometrie. Beispielsweise kann man das Postulat zugrundelegen, daß es – statt genau einer – keine Parallele gibt. Freilich weicht die so entstehende Geometrie nicht unerheblich von der üblichen Schulgeometrie ab.

Damals, am Ende des 18. Jahrhunderts, schien jedoch eine Geometrie völlig unsinnig, deren Gestalt von den vertrauten räumlichen Erfahrungen der Menschen abwich. Die Existenz genau einer Parallelen war sozusagen durch Erfahrung und Augenschein gesichert, da es noch keine begriffliche Unterscheidung zwischen Geometrie und einer „Raumwissenschaft" als Wissenschaft vom objektiv, physikalisch existierenden Raum gab.

Gauß hat diese fundamentale Unterscheidung als einer der ersten bereits 1792 erkannt. Wenn man sie zugesteht, dann kann man – wie Gauß – aus dem Scheitern der jahrtausendelangen Beweisversuche für das fünfte Postulat den Schluß ziehen, daß das Parallelenpostulat nicht beweisbar ist. Und dann liegt der Schritt nahe, nach der Beschaffenheit von Geometrien zu fragen, die sich bei der Auswechslung des Parallelenpostulats ergeben. Gauß tat diese gedanklich kühnen Schritte zwischen 1795 und 1802. Hierbei wurde er zweifellos auch angeregt von dem verstärkten gesellschaftlichen Allgemeininteresse an Geometrie, die besonders an der Polytechnischen Schule in Paris, einer Gründung der Großen Französischen Revolution, eine zentrale Stellung einnahm.

Bereits 1799 äußerte sich Gauß gegen seinen Freund Bolyai, der selbst während der gemeinsamen Zeit in Göttingen mit den Beweisversuchen für das Parallelenpostulat gerungen hatte, folgendermaßen:

Zwar bin ich auf manches gekommen, was den meisten schon für einen Beweis gelten würde, aber was in meinen Augen so gut wie Nichts beweist, z. B. wenn man beweisen könnte, daß ein geradliniges Dreieck möglich sei, dessen Inhalt größer wäre als jede gegebene Fläche, so bin ich imstande die ganze Geometrie völlig strenge zu beweisen. Die meisten würden nun wohl jenes als Axiom gelten lassen; ich nicht; es wäre ja wohl möglich, daß, so entfernt man auch die drei Eckpunkte des Dreiecks im Raum annähme, doch der Inhalt immer unter (infra) einer gegebenen Grenze wäre. Dergleichen Sätze habe ich mehrere, aber in keinem finde ich etwas Befriedigendes.

Als Bolyai seinerseits einen erneuten Beweisversuch für das Parallelenpostulat im Jahre 1804 an Gauß sandte, konnte Gauß wiederum nicht umhin festzustellen, daß auch hierin wieder „Klippen" seien und sein Freund an ihnen gescheitert sei.

Selbst Gauß fiel es schwer, sich von einer Wahrheit zu überzeugen, die gegen feste Denkgewohnheiten und jahrtausendealte Traditionen verstieß. Schumacher, der sich im Winter 1808/09 in Göttingen aufhielt, berichtet:

Gauß hat die Theorie der Parallellinien darauf zurückgebracht, daß wenn die angenommene Theorie nicht wahr wäre, es eine konstante, a priori der Länge nach gegebene Linie geben müßte, welches absurd ist. Doch hält er selbst diese Arbeit noch nicht für hinreichend.

Wenige Jahre später (1813) urteilt Gauß noch immer:

In der Theorie der Parallellinien sind wir jetzt noch nicht weiter als Euklid war. Dies ist die partie honteuse (der beschämende, schändliche Teil – H. W.) der Mathematik, die früh oder spät eine ganz andere Gestalt bekommen muß.

Endlich aber hat sich Gauß durchgerungen. Um 1815/16 weiß er mit Sicherheit um die Unbeweisbarkeit des Parallelenpostulates. Er hat den inneren Zusammenhang der nichteuklidischen Geometrien mit der euklidischen Geometrie erkannt. Die nichteuklidischen Geometrien sind mathematisch richtig; über die wirkliche Struktur des Raumes müssen Erfahrung, Experiment und damit die Physik entscheiden. Bemerkenswert ist hier eine Äußerung an Olbers vom Frühjahr 1817:

Ich komme immer mehr zu der Überzeugung, daß die Notwendigkeit unserer Geometrie nicht bewiesen werden kann, wenigstens nicht vom menschlichen Verstande noch für den menschlichen Verstand. Vielleicht kommen wir in einem anderen Leben zu anderen Einsichten in das Wesen des Raums, die uns jetzt unerreichbar sind. Bis dahin muß man die Geometrie nicht mit der Arithmetik, die rein a priori steht, sondern etwa mit der Mechanik in gleichen Rang setzen.

Im Frühjahr 1816 wies Gauß in einer Rezension zwei angebliche Beweise des Parallelenpostulats mit ziemlich scharfen Worten zurück. Er sprach von „dem eitlen Bemühen, die Lücke, die man nicht ausfüllen kann, durch ein unhaltbares Gewebe von Scheinbeweisen zu verbergen".

Gauß stieß mit seiner Ansicht, die trotz aller polemischen Worte doch nur in vorsichtiger Form auf die Möglichkeit der Unbeweisbarkeit des Parallelenpostulates hinwies, auf eine scharfe ablehnende Reaktion, zumal bei der damaligen Vorherrschaft der Philosophie Kants, nach der die euklidische Geometrie schlechterdings als denknotwendig galt. Kein Wunder, daß Gauß, empfindlich und vorsichtig wie stets – „Es ist mit Kot darnach geworfen worden", so beklagte er sich später, 1827, bei Schumacher – beschloß, über nichteuklidische Geometrie nicht zu publizieren. Lediglich mit seinen Schülern und Freunden tauschte er gelegentlich Gedanken zu diesem Thema aus. So schrieb er 1818 an Gerling:

Ich freue mich, daß Sie den Mut haben, sich (in Ihrem Lehrbuch) so auszudrücken, als wenn Sie die Möglichkeit, daß unsere Parallelentheorie, mithin unsere ganze Geometrie, falsch wäre, anerkennten. Aber die Wespen, deren Nest Sie aufstören, werden Ihnen um den Kopf fliegen.

Und noch einmal 1829 an Bessel:

Auch über ein anderes Thema, das bei mir fast schon 40 Jahre alt ist, habe ich zuweilen in einzelnen freien Stunden wieder nachgedacht, ich meine die ersten Gründe der Geometrie ... Inzwischen werde ich wohl noch lange nicht dazu kommen, meine sehr ausgedehnten Untersuchungen darüber zur öffentlichen Bekanntmachung auszuarbeiten, und vielleicht wird dies auch bei meinen Lebzeiten nie geschehen, da ich das Geschrei der

Böoter scheue, wenn ich meine Ansicht ganz aussprechen wollte. (Die
Bewohner Böotiens, einer Landschaft in Griechenland, galten im Altertum
als denkfaul und unkultiviert – H. W.)

Tatsächlich hat sich Gauß auf Andeutungen über nichteuklidische
Geometrie gegenüber Freunden und Bekannten beschränkt und
Bemühungen anderer Forscher lediglich mit Interesse zur Kenntnis genommen. Als ihm z. B. über Gerling eine von dem Rechtswissenschaftler Schweikart stammende Abhandlung zuging, die
an frühere, unbeachtet gebliebene Publikationen anknüpfte, da
äußerte sich Gauß sehr anerkennend. Die von Schweikart als
„astralische Größenlehre" bezeichnete Variante der nichteuklidischen Geometrie empfand Gauß als „fast alles aus der Seele
geschrieben". Doch verwendete sich Gauß nicht öffentlich für
Schweikart, auch nicht für Taurinus, einen Neffen von Schweikart, der ebenfalls mit einer vorzüglichen Parallelentheorie hervorgetreten war. Angespornt durch eine aufmunternde Zuschrift
von Gauß blieb Taurinus dennoch der Erfolg mit seiner Veröffentlichung versagt; Ende 1829 schrieb er enttäuscht an Gauß:

Der Erfolg bewies mir, daß Ihre Autorität dazu gehört, ihnen (den Über-
legungen über nichteuklidische Geometrie – H. W.) Anerkennung zu ver-
schaffen, und dieser erste schriftstellerische Versuch ist, anstatt, wie ich
gehofft hatte, mich zu empfehlen, für mich eine reiche Quelle von Unzufrie-
denheit geworden.

Die Zurückhaltung von Gauß bezüglich der nichteuklidischen
Geometrie erhielt noch eine besondere Note durch den Umstand,
daß ausgerechnet der als Pionieroffizier tätige Sohn Janos Bolyai
(1802–1860) seines Jugendfreundes mit einem hervorragenden
entsprechenden Beitrag an die Öffentlichkeit trat.
Der Vater, der selbst vergeblich an der Parallelentheorie seine
Kräfte erprobt hatte, hat 1820 seinen Sohn beschworen:

Verliere keine Stunde damit. Keinen Lohn bringt es, und es vergiftet das
ganze Leben. Selbst durch das Jahrhunderte dauernde Kopfzerbrechen von
hundert großen Geometern ist es schlechterdings unmöglich, (das Parallelenpostulat – H. W.) ohne ein neues Axiom zu beweisen. Ich glaube doch alle
erdenklichen Ideen diesfalls erschöpft zu haben. Hätte Gauß auch ferner-
hin seine Zeit mit Grübeleien (über dem Parallelenpostulat – H. W.)
zugebracht, so wären seine Lehren von den Vielecken, seine Theoria motus
corporum coelestium und alle seine sonstigen Arbeiten nicht zum Vorschein
gekommen, und er ganz zurückgeblieben. Ich kann es schriftlich nachwei-

sen, daß er seinen Kopf über die Parallelen zerbrach. Er äußerte mündlich und schriftlich, daß er fruchtlos darüber nachgedacht habe.

Der Sohn aber hielt sich nicht an die Warnungen, fand Ende 1823 die Lösung, die im Nachweis der Existenz nichteuklidischer Geometrien besteht und publizierte seine Ergebnisse 1831 als „Anhang" (Appendix scientam spatii absulute veram extubens) zu einem Lehrbuch seines Vaters. Da aber in Europa die Cholera umging, gelangte der „Appendix" wegen der gestörten Postverbindungen erst 1832 in die Hände von Gauß, der sich darüber an Gerling bald darauf zustimmend folgendermaßen äußerte:

Noch bemerke ich, daß ich dieser Tage eine kleine Schrift aus Ungarn über die nichteuklidische Geometrie erhalten habe, worin ich alle meine eigenen Ideen und Resultate wiederfinde, mit großer Eleganz entwickelt, obwohl in einer für jemand, dem die Sache fremd ist, wegen der Konzentrierung etwas schwer zu folgenden Form ... Ich halte diesen jungen Geometer v. Bolyai für ein Genie erster Größe.

Wenig später schrieb Gauß an den Vater Bolyai:

Jetzt einiges über die Arbeit Deines Sohnes. Wenn ich damit anfange, daß ich solche nicht loben darf, so wirst Du wohl einen Augenblick stutzen: aber ich kann nicht anders; sie loben hieße mich selbst loben: denn der ganze Inhalt der Schrift, der Weg, den Dein Sohn eingeschlagen hat, und die Resultate, zu denen er geführt ist, kommen fast durchgehends mit meinen eigenen, zum Theile schon seit 30 bis 35 Jahren angestellten Meditationen überein.

Trotz dieses Lobes war der Sohn gekränkt und verbittert und zog sich von der Mathematik zurück. Man kann die Haltung von Janos Bolyai verstehen: Gauß erklärte lakonisch, er habe alles auch schon gewußt – und tat keinen öffentlichen Schritt zugunsten des um wissenschaftliche Anerkennung ringenden jungen Mannes.
Bereits vor Janos Bolyai war im fernen Kasan in Rußland ein anderer Mathematiker mit Veröffentlichungen zur nichteuklidischen Geometrie hervorgetreten, Nikolai Iwanowitsch Lobatschewski (1792–1856). Ihm gebührt der Ruhm der ersten Publikation zur nichteuklidischen Geometrie. Er war bereits seit 1823 im Besitze der Grundlagen der Geometrie, trug 1826 in der Kasaner Gelehrten Gesellschaft darüber vor und ließ 1829 eine

erste entsprechende Druckschrift unter dem Titel „Über die Anfangsgründe der Geometrie" in russischer Sprache erscheinen.

Doch vermochte Lobatschewski mit diesen Ideen in Rußland nicht durchzudringen, da die zaristische Regierung gerade 1825 mit der Einsetzung eines „Ministeriums für religiöse und nationale Erziehung" den Einfluß der materialistischen Philosophie zurückzudrängen suchte und die – wenn auch nur scheinbare – Anknüpfung an Kant als Vorstoß des Atheismus verstanden wurde. Im Ausland konnte Lobatschewski mit dieser Schrift kaum auf Resonanz hoffen, da die russische Sprache dort weitgehend unbekannt war. Er veröffentlichte daher 1837 in der führenden deutschen mathematischen Zeitschrift, dem von August Leopold Crelle (1780–1855) herausgegebenen „Journal für die reine und angewandte Mathematik", einen Bericht in französischer Sprache über die neue Geometrie, die er „imaginäre Geometrie" genannt hatte. Doch verfehlte er seinen Zweck insofern, als er wenig zur Einführung in diesen schwierigen Gegenstand geeignet war. Erst die ausführliche, deutsch geschriebene Arbeit „Geometrische Untersuchungen zur Theorie der Parallellinien", Berlin 1840, und die französisch geschriebene „Pangeometrie", welche 1856 in Moskau erschien, vermochten die Isolierung von Lobatschewski zu durchbrechen; eine volle Anerkennung ergab sich daraus damals jedoch noch nicht. Auf Vorschlag von Gauß wurde Lobatschewski korrespondierendes Mitglied der Göttinger Akademie.

Lobatschewski hatte bei der Begründung seiner neuen Geometrie – wie Gauß auch – einen durchaus materialistischen Ansatzpunkt gewählt, indem er die begriffliche Trennung zwischen Geometrie und Raum vollzog und feststellte, daß für den uns umgebenden Raum die euklidische Geometrie wenigstens mit großer Annäherung gilt. Dann fährt er fort:

Wie das auch sein mag, die neue Geometrie, für die hier nunmehr der Grund gelegt ist, kann, wenn sie auch in der Natur nicht besteht, nichtsdestoweniger in unserer Vorstellung bestehen, und wenn sie auch bei wirklichen Messungen außer Gebrauch bleibt, so eröffnet sie doch ein neues weites Feld für die Anwendungen von Geometrie und Analysis auf einander.

Gauß scheint erst 1840 oder 1841 auf Lobatschewski aufmerksam geworden zu sein. Er erkannte rasch den hohen Wert der Abhandlungen von Lobatschewski und nahm das Studium der russi-

schen Sprache auf, unter anderem deswegen, um die anderen
Werke von Lobatschewski lesen zu können. Ende 1846 urteilte
Gauß gegenüber Schumacher über die „Geometrischen Untersuchungen ..." von Lobatschewski:

Materiell für mich Neues habe ich [darin] nicht gefunden, aber die Entwicklung ist auf anderem Wege gemacht, als ich selbst eingeschlagen habe,
und zwar von Lobatschefskij auf eine meisterhafte Art in echt geometrischem Geiste.

Aus Besorgnis um seine innere und äußere Ruhe hat Gauß auch
nicht öffentlich den Widerspruch zwischen der nichteuklidischen
Geometrie und der damals weitverbreiteten Philosophie Kants
deutlich gemacht. Doch verdient es festgehalten zu werden, daß
Gauß diesen Sachverhalt in voller Schärfe erkannt und seiner
Überzeugung mehrfach brieflich Ausdruck verliehen hat. So
schrieb er 1832 an Wolfgang Bolyai:

Gerade in der Unmöglichkeit zwischen ... Euklidischer Geometrie und ...
nichteuklidischer Geometrie a priori zu entscheiden, liegt der klare Beweis,
daß Kant Unrecht hatte zu behaupten, der Raum sei nur Form unserer Anschauung.

Die Geschichte der Entdeckung der nichteuklidischen Geometrie
durch drei voneinander unabhängige Mathematiker um etwa
dieselbe Zeit ist auch aus allgemein-historischen Erwägungen interessant. Sie zeigt, wie auf dem Untergrund eines verstärkten
gesellschaftlichen Allgemeininteresses an Geometrie die innere
Logik der Entwicklung der Mathematik bei Gauß, Bolyai und
Lobatschewski zur selben Fragestellung und zu derselben Lösung führte.
Grundlagenfragen bildeten nur einen Teil des Beitrages von
Gauß zur Geometrie. Neben gelegentlichen Studien zur Elementargeometrie hat Gauß sich u. a. auch mit Problemen der Verknotung und Verkettung von Kurven beschäftigt. Solche Fragen rechnete er zur „geometria situs" (Geometrie der Lage); wir
bezeichnen dieses Gebiet heute im Anschluß an den Gauß-Schüler Johann Benedict Listing (1808–1882) als Topologie.
Vom Beginn der 20er Jahre an verbanden sich die geometrischen
Interessen von Gauß recht eng mit seinen geodätischen Arbeiten;
über diese wird noch zu berichten sein. Die Grundfrage der Geodäsie, wie nämlich die dreidimensionale Erdoberfläche auf dem
Kartenblatt dargestellt werden kann, führte Gauß zur Beschäf-

tigung mit der Theorie der gekrümmten Flächen; auch hier erwies sich die für Gauß typische enge Verbindung von Theorie und Praxis als überaus fruchtbar.

„Mir war" – so schreibt er bereits 1816 an Schumacher – „eine interessante Aufgabe eingefallen, nämlich: allgemein eine gegebene Fläche so auf einer anderen (gegebenen) zu projizieren (abzubilden), daß das Bild dem Original in den kleinsten Teilen ähnlich werde. Ein spezieller Fall ist, wenn die erste Fläche eine Kugel, die zweite eine Ebene ist." Von dieser Grundaufgabe ausgehend stellte die Kopenhagener Gesellschaft der Wissenschaften eine Preisaufgabe, nämlich die Abbildungen zu finden, so, daß „die Fläche und ihr Bild in ihren kleinsten Teilen ähnlich" sind. Gauß errang 1822 den Preis; für die Lösung der Aufgabe führte er selbst, 1843, das noch heute gebrauchte Wort „konforme Abbildung" ein.

Im Anschluß an diesen Erfolg plante Gauß eine zusammenfassende systematische Darstellung der Theorie der krummen Flächen als einer theoretischen Grundlage der Geodäsie. Er berichtete am 21. November 1825 an Schumacher:

Ich habe seit einiger Zeit angefangen, einen Teil der allgemeinen Untersuchungen über die krummen Flächen wieder vorzunehmen, die die Grundlage meines projektierten Werks über Höhere Geodäsie werden sollen. Es ist ein ebenso reichhaltiger als schwieriger Gegenstand, vor dem ich jetzt zu andern Arbeiten gar nicht kommen kann. Ich finde leider, daß ich dabei sehr weit werde ausholen müssen, da auch das Bekannte in einer andern, den neuen Untersuchungen anpassenden Form entwickelt werden muß. Man muß den Baum zu allen Wurzelfäden verfolgen, und manches davon kostet mir nochmaliges angestrengtes Nachdenken.

Einige Monate später, am 19. Februar 1826, teilte er Olbers über den Fortgang der Arbeiten mit:

Ich wüßte kaum eine Periode meines Lebens, wo ich bei so angestrengter Arbeit, wie in diesem Winter, doch verhältnismäßig so wenig reinen Gewinn geerntet hätte. Ich habe viel, viel Schönes herausgebracht, aber dagegen sind meine Bemühungen über anderes oft Monate lang fruchtlos gewesen . . .

Endlich, im Herbst 1827 erschien das grundlegende Werk, die „Disquisitiones generales circa superficies curvas" (Allgemeine Untersuchungen über gekrümmte Flächen). Die „Flächentheorie" untersucht geometrische Flächen mit den Mitteln der Differential- und Integralrechnung. Im 18. Jahrhundert hatten insbesondere Leonhard Euler und Gaspard Monge auf diesem Gebiet bedeutende Beiträge geliefert. Die „Flächentheorie" von Gauß aber entwickelte allgemeine, übergreifende Methoden und begründete die Differentialgeometrie als umfangreiches, selbständiges mathematisches Gebiet.

Gauß betrachtete eine Fläche $F(x, y, z) = 0$ im dreidimensionalen Raum mit den Koordinaten x, y, z in einer Parameterdarstellung, also abhängig von zwei unabhängigen Größen u und v. Als entscheidend für die Eigenschaften der untersuchten Fläche erkannte Gauß das Verhalten von Differentialformen. Beispielsweise gibt $ds^2 = E\,du^2 + 2F\,du\,dv + G\,dv^2$, wo E, F, G, von u und v abhängen, die Bogenlänge ds einer Kurve auf einer Fläche an. Andere Differentialformen wiederum gestatten es, beispielsweise ein Maß für die Krümmung einer Fläche zu bestimmen und festzustellen, welche Flächenelemente bei Verbiegung unverändert bleiben. Gemäß der Absicht von Gauß führten ihn die Studien über Differentialgeometrie zurück zu dem praktischen Ausgangspunkt, der Geodäsie. Die „Flächentheorie" bereitete in diesem Sinne eine Reihe weiterer zusammenfassender Darstellungen vor, die „Untersuchungen über Gegenstände der höheren Geodäsie"; sie begannen 1844 im Druck zu erscheinen. Über diese geodätischen Arbeiten von Gauß wird noch zu berichten sein.

Die Gaußsche „Flächentheorie" leitete ihrerseits zugleich eine außerordentlich erfolgreiche Fortentwicklung der Differentialgeometrie während des 19. Jahrhunderts ein. Insbesondere führte Bernhard Riemann (1826–1866) die Methode des Studiums der Differentialformen weiter.

In der Geometrie äußerte sich der bei Gauß bestehende Gegensatz zwischen einer nahezu unerschöpflich strömenden Gedankenfülle und der relativ geringen Neigung zur Publikation besonders auffällig. Bezüglich der Grundlagen der Geometrie hatte er objektiv Veranlassung, mit Publikationen zur nichteuklidischen Geometrie zurückhaltend zu sein; davon war schon berichtet worden. Stärker noch wirkten sich die subjektiven Momente aus. Von seiner psychischen Verfassung her hielt er sich allgemein an das von ihm selbst geprägte Leitmotiv „Pauca sed matura" (Weniges, aber Ausgereiftes). Sartorius von Waltershausen faßte diese Eigenart von Gauß in die Worte:

Es war zu aller Zeit Gauss' Streben seinen Untersuchungen die Form vollendeter Kunstwerke zu geben; eher ruhte er nicht und er hat daher nie eine Arbeit veröffentlicht bevor sie diese von ihm gewünschte durchaus vollendete Form erhalten hatte. Man dürfe einem guten Bauwerke, pflegte er zu sagen, nach seiner Vollendung nicht mehr die Gerüste ansehen.

Übrigens befand sich Gauß hierin durchaus nicht im Einvernehmen mit einigen seiner Freunde, die ihn des öfteren aufforderten, doch seine Ideen und Erkenntnisse wenigstens der Substanz nach öffentlich bekanntzumachen. Im Jahre 1825 kam es darüber zwischen Gauß und Schumacher sogar zu einer, allerdings bald vorübergehenden, Verstimmung. Jüngere Mathematiker der nächsten Generation machten Gauß noch dazu den Vorwurf, er habe absichtlich bei seinen Darlegungen alle Andeutungen vermieden, aus denen man ablesen könne, wie er zu seinen Ergebnissen gekommen sei. Der leider sehr früh verstorbene norwegische Mathematiker Niels Henrik Abel sprach von Gauß sogar als von einem Fuchs, der mit seinem Schwanze alle seine Spuren verwische.
Und noch ein weiteres Moment des Schaffens von Gauß tritt am Beispiel der Geometrie besonders deutlich zutage, die fruchtbare Verbindung von Theorie und Praxis. Gauß begegnete in seiner praktisch-geodätischen Tätigkeit einer Fülle von Anregungen, welche die Geodäsie an die höhere Geometrie herantrug, setzte diese in abstrakt-mathematische Fragestellungen um, gab deren Lösungen an und vermochte darüber hinaus noch die durch den Einsatz schwieriger mathematischer Verfahren wesentlich verbesserten praktischen Möglichkeiten zu zeigen und deutlich zu machen. Auch auf dem Gebiete der Geodäsie werden wir weiteren Beispielen dieser bedeutenden geistigen Fähigkeit von Gauß begegnen, der in seiner eigenen Person den grundlegenden Dreierschritt des Erkenntnisprozesses, das Wechselspiel Praxis–Theorie–Praxis, selbst in hervorragender Weise zu gestalten vermochte.
Auch dies gehört zu den Merkwürdigkeiten, daß sich Gauß explizite nur höchst selten zu methodischen Fragen des Forschens oder überhaupt der mathematischen Tätigkeit geäußert hat. Eines dieser seltenen und zugleich besonders aufschlußreichen Dokumente ist eine Stelle aus einem Brief an seinen Freund Schumacher, vom 1. September 1850:

Es ist der Character der Mathematik der neueren Zeit (im Gegensatz gegen
das Alterthum), daß durch unsere Zeichensprache und Namengebungen wir
einen Hebel besitzen, wodurch die verwickeltsten Argumentationen auf
einen gewissen Mechanismus reducirt werden. An Reichthum hat dadurch
die Wissenschaft unendlich gewonnen, an Schönheit und Solidität aber wie
das Geschäft gewöhnlich betrieben wird, eben so sehr verloren. Wie oft
wird jener Hebel eben nur mechanisch angewandt, obgleich die Befugniß
dazu in den meisten Fällen gewisse stillschweigende Voraussetzungen impli-
cirt. Ich fordere, man soll bei allem Gebrauch des Calculs, bei allen Begriffs-
verwendungen sich immer der ursprünglichen Bedingungen bewußt bleiben,
und alle Producte des Mechanismus niemals über die klare Befugniß hinaus
als Eigenthum betrachten.

Geodäsie

Im Hinblick auf seine Leistungen auf den meisten Gebieten der reinen Mathematik und unter dem Eindruck seiner außerordentlich abstrakten und weit in die Zukunft reichenden Forschungen vergißt man allzu leicht, daß Gauß als Geodät mehr als ein Jahrzehnt im äußerst engen Kontakt mit der Praxis gestanden hat, sogar im höchst handgreiflichen Sinne. Zwischen 1821 und 1825 leitete er selbst im Gelände mühsame und zeitraubende Vermessungsarbeiten. Die Straßen waren schlecht. In jedem neuen Sommer, bei Wind und Wetter, ritt Gauß wieder über Land, von einem trigonometrischen Punkt zum anderen. Im Harz wurde er einmal in einem Zelt von einem schweren Unwetter überrascht und mußte völlig durchnäßt seine Vermessungen fortsetzen. Drei Wochen war Gauß in dem damals noch sehr primitiven Brockenhaus von Sturm und Nebel eingeschlossen. Im April 1825 erlitt er einen ernsten Unfall, als sein Reisewagen umstürzte und er unter den schweren Meßinstrumenten nahezu begraben wurde.
Zu den Widrigkeiten des Wetters kamen die objektiven Schwierigkeiten. Um im ebenen und damals noch wenig erschlossenen Gelände der Lüneburger Heide vermessen zu können, waren erst Markierungspunkte zu errichten. Steine fanden sich nur in den sogenannten Hünengräbern und mußten von weit hergeholt werden. Dann waren Schneisen durch die Wälder zu schlagen, um von Punkt zu Punkt visieren zu können. Neben die praktisch-organisatorischen Aufgaben trat vor allem auch ein ungeheures Pensum bei der rechnerischen Bewältigung der gewonnenen Meßdaten; Gauß hat geschätzt, daß er bei seinen geodätischen Rechnungen mehr als eine Million Zahlen rechnerisch verarbeitet hat!
Im Jahre 1824 erkrankte Gauß ernstlich; bei ständiger unregelmäßiger Lebensweise drohte die Fülle der Arbeitslast den immerhin schon am Ende des fünften Lebensjahrzehnts Stehenden zu erdrücken.

Einige seiner Freunde haben diesen ungeheuren Aufwand mehrfach beklagt, weil doch auf diese Weise Gauß von theoretischen,
rein mathematischen Untersuchungen abgehalten werde. So schrieb
z. B. Bessel am 11. Dezember 1823 an Gauß:

Daß Ihre Dreiecksmessungen so gut wie beendigt sind, hat mich lebhaft
gefreut, da nun der größte Teil des Zeitverlustes überwunden ist. Die
Sicherheit (der Vermessungen – H. W.), welche Sie erlangt haben, scheint
mir einzig in ihrer Art zu sein; allein die Resultate werden kaum soviel
Interesse für mich haben als Ihr zu erwartendes Werk.

Gauß antwortete darauf am 14. März 1824, gemessen an seiner
sonstigen vorsichtigen Zurückhaltung, ziemlich energisch:

Sie haben sich in mehreren Briefen so stark über den geringen Werth,
welchen Sie auf die Resultate der Messungen legen, erklärt, mir gewissermaßen einen Vorwurf daraus gemacht, daß ich meine Zeit damit verliere,
mir Glück gewünscht, daß der Zeitverlust vorbei sei. Großer Gott, wie
falsch beurtheilen Sie mich ... Wahrlich, über die Sache selbst denke ich
eben so. Alle Messungen der Welt wiegen nicht ein Theorem auf, wodurch
die Wissenschaft· der ewigen Wahrheiten wahrhaft weitergebracht wird.
Aber Sie sollen nicht über den absoluten, sondern über den relativen
Werth urtheilen. Einen solchen haben ohne Zweifel die Messungen, wodurch
mein Dreieckssystem mit dem Krayenhof'schen und dadurch mit den französischen und englischen verbunden werden soll. Und wie gering Sie auch
diesen Werth anschlagen, in meinen Augen ist er doch höher als diejenigen
Geschäfte, die dadurch unterbrochen werden. Ich muß sie theilen zwischen
Collegia lesen (wogegen ich von jeher einen Widerwillen gehabt habe,
der, wenn auch nicht entstanden, doch vergrößert ist durch das Gefühl,
welches mich immer dabei begleitet, meine Zeit wegzuwerfen) und praktisch
astronomische Arbeiten. So viel Freude ich nun auch immer daran gehabt
habe, so werden Sie mir doch zugeben, daß wenn man bei den unzähligen
kleinen und kleinlichen Geschäften dabei aller reellen Hülfe entbehrt, das
Gefühl seine Zeit zu verlieren nur dadurch beseitigt werden kann, wenn
man sich bewußt ist, einen großen wichtigen Zweck dabei zu verfolgen.

Trotz aller Mühsal, trotz des gelegentlich brieflich geäußerten
„Mißmutes" fühlte sich Gauß mit seinen geodätischen Messungen und Rechnungen einer traditionsreichen und wichtigen Aufgabe der praktischen Mathematik in hohem Maße verpflichtet.
Seit den Tagen der großen geographischen Entdeckungen und
der Kolonialisierung der Erde durch die europäischen Staaten
waren kartographische Aufnahmen der eroberten Ländereien zu
einer unbedingten Notwendigkeit des gesellschaftlichen Lebens
geworden. Das 18. Jahrhundert beschäftigte sich zudem intensiv

62

mit der genauen Größe und Gestalt der Erde; dazu mußten die Längenkreise genau vermessen werden. Die von Pierre-Louis Moreau de Maupertuis (1698–1759) in den Jahren 1736 bis 1737 vorgenommene Meridianvermessung in Lappland bewies zudem endgültig, daß die Erde an den Polen und nicht am Äquator abgeplattet ist. Damit fiel auch die Entscheidung gegen den Cartesianismus zugunsten des Newtonianismus.

Noch genauere Gradmessungen wurden erforderlich, als durch die Große Französische Revolution im Jahre 1793 die neueingeführte Längeneinheit 1 Meter als 10millionster Teil des Viertels eines Erdmeridians definiert wurde. Die großangelegte französische Gradmessung Dünkirchen-Barcelona zwischen 1792 und 1798 wurde zum Ausgangspunkt eines zusammenhängenden Vermessungsnetzes für die Erde.

Die meisten europäischen Länder begannen um die Jahrhundertwende mit der Anlegung und Vermessung ihrer territorialen Triangulierungsnetze. Zur Vermessung des riesigen russischen Reiches beispielsweise legte Friedrich Georg Wilhelm Struve (1793 bis 1864), Direktor der Sternwarte in Pulkovo bei St. Petersburg, Kollege und Korrespondent von Gauß, die Grundlagen.

Der dänische König Friedrich IV. erteilte 1816 seinem Kopenhagener Professor der Astronomie, dem mit Gauß eng befreundeten Schumacher, den Auftrag zu einer Gradmessung zwischen Skagen und Lauenburg. Es lag nahe, die Vermessung noch weiter südlich fortzusetzen, bis in das angrenzende Gebiet des Königreiches Hannover. Schumacher informierte Gauß von seinem Auftrag und bat ihn 1816 um Mithilfe, zumal er wußte, daß sich Gauß schon vorher angelegentlich mit geodätischen Problemen befaßt hatte, insbesondere mit solchen, die der Astronomie nahestanden. Gauß sagte umgehend zu, und es gelang dem diplomatischen Geschick von Gauß und Schumacher, die hannoversche Regierung zur Bereitstellung entsprechender finanzieller Mittel zu gewinnen. Bereits 1818 wurde der ministerielle Auftrag zur Ausmessung einer Vermessungsbasis nahe Lüneburg gegeben; eine Kabinettsorder des Königs von England und Hannover, George IV., befahl 1820 die Ausführung der Gradmessung für Hannover als Fortsetzung der dänischen und beauftragte Gauß mit der Leitung.

Gauß stürzte sich mit Feuereifer in die mühselige Arbeit und scheute dabei keine Anstrengung. Unausgesprochen, aber dennoch ganz deutlich setzte Gauß seinen Ehrgeiz darein, daß diese Vermessung zu einem Muster an Genauigkeit werden solle, an der sich ähnliche andere orientieren konnten und sollten.

Dieses hohe Ziel hat Gauß weitgehend erreicht. Die Gradmessung der Jahre 1821 bis 1825 und die sich anschließende Landesvermessung von Hannover in den Jahren 1828 bis 1844 wurden zu klassischen Beispielen hinsichtlich der praktisch-organisatorischen Anlage, vor allem aber hinsichtlich der theoretischen Seite, d. h. der rechnerischen Aufarbeitung des ungeheuren Zahlenmaterials. Im Methodischen beruhte der Fortschritt hauptsächlich auf dem Umstand, daß Gauß theoretische Arbeiten über geodätische Probleme und über konforme Abbildungen mit dem Meßfehlerausgleich nach der Methode der kleinsten Quadrate zu verbinden verstand.

Darüber hinaus steuerte Gauß mit der Erfindung eines neuen Vermessungsinstrumentes, des Heliotropen, auch im praktischen Bereich Entscheidendes bei. Der Heliotrop lenkte das Sonnenlicht über drehbare Planspiegel zu dem zu beobachtenden Punkt; das mit dem Spiegelsystem verbundene Fernrohr gestattete es, das vom reflektierten Sonnenlicht getroffene Objekt wahrzunehmen. Damit waren die Vermessungstrupps unabhängig von den unzuverlässigen Lampensignalen und konnten auch bei Nebel und Moorbränden in der Lüneburger Heide ihre Arbeit fortsetzen, da der Heliotrop selbst bei ungünstigem Wetter eine erstaunliche Reichweite besaß. Die wissenschaftliche Phantasie von Gauß verließ übrigens in Anbetracht des großen Erfolges bald die irdischen Dimensionen Er sah im Heliotropen eine Möglichkeit zur Vermessung auf dem Monde. Seine Berechnungen ergaben, daß Spiegel von 16 Quadratfuß Fläche genügend Sonnenlicht nach dem Mond schicken würden. Mit dem Gauß eigenen, etwas hintergründigen Humor bemerkte er dazu gegenüber Olbers:

Schade, daß wir nicht einen solchen Apparat mit einem Detachement (Abteilung – H. W.) von hundert Leuten und ein paar Astronomen dahin senden können, uns zu Längenbestimmungen Zeichen zu geben.

Gauß hat sich auch dem Befehl des Königs George IV. aus dem Jahre 1828 nicht entzogen, die Triangulation über das ganze Königreich Hannover auszudehnen. Jedoch führten Offiziere die

Arbeit im Gelände aus, darunter Gauß' Sohn Joseph. Gauß selbst
leitete die Arbeiten vom Schreibtisch aus. Ende 1848 erst war die
Arbeit abgeschlossen; die Koordinaten von 2 578 trigonometrischen
Punkten waren auf das genaueste vermessen worden, Ergebnis
einer titanenhaften Arbeit.

Im Zusammenhang mit der ungewöhnlichen, durch Gauß erreich-
ten Genauigkeit der Triangulation ist noch ein Umstand hervorzuheben: Bei dem größten Dreieck der Triangulation – zwischen
dem Brocken, dem Inselsberg und dem Hohen Hagen nahe Göttingen – differierte die Winkelsumme noch weit weniger als um
den sonst üblichen Genauigkeitsgrad von zwei Sekunden von der
Winkelsumme von 180° im ebenen Dreieck und blieb weit innerhalb der Fehlergrenzen der Meßgenauigkeit. Es ergab sich
somit keinerlei Hinweis darauf, daß die Struktur des Raumes
von der euklidischen Geometrie abwich. Gauß' erster Biograph,
Sartorius von Waltershausen, hat die Sache so hingestellt, als
habe Gauß insgeheim diese Triangulation als großangelegtes Experiment auf die Existenz der nichteuklidischen Geometrie auf-
gefaßt; nach neueren Forschungen erscheint jedoch diese von
einem Nichtmathematiker vorgebrachte Deutung als ziemlich
unberechtigt: Gauß benutzte zum Fehlerausgleich gerade eben
den Satz von der Winkelsumme im Dreieck und wußte vermutlich überdies genau, daß sich eventuelle Abweichungen erst
bei Dreiecken in astronomischen Dimensionen finden lassen
könnten.

Auch in der Geodäsie entnahm Gauß aus den Forderungen der
Praxis die Anregungen zur Vertiefung der Theorie und schuf
einen bedeutenden wissenschaftlichen Vorlauf. Zunächst kamen
die Anregungen der Praxis den Arbeiten von Gauß über Differentialgeometrie und konforme Abbildungen zugute. Darüber war
im vorhergehenden Kapitel berichtet worden. In den Jahren 1821
bzw. 1823 erschienen der erste bzw. zweite Teil der zusammenfassenden Darlegungen über die Methode der kleinsten Quadrate zum Ausgleich von Beobachtungsfehlern, „meine ziemlich
starke Abhandlung über die Wahrscheinlichkeitsrechnung, worin
die Methode der kleinsten Quadrate auf eine (gegenüber Legendre – H. W.) ganz neue, höchst einfache Art begründet und eine
Menge neuer interessanter Aufgaben aufgelöst wird". 1826 ließ
Gauß noch eine Ergänzung folgen. Diese Abhandlungen wurden

zum Ausgangspunkt der Ausgleichsrechnung, die seitdem fester
Bestandteil der Wissenschaft geworden ist.

Die Abhandlung „Bestimmung des Breitenunterschiedes zwischen
den Sternwarten von Göttingen und Altona" aus dem Jahre 1828
schloß die verlängerte dänische Gradmessung ab. Zugleich aber
bildete sie insofern einen neuen Ausgangspunkt der modernen
Geodäsie, als dort die erste moderne Definition der Erdgestalt
gegeben wurde und die Bestimmung der Erdgestalt mathema-
tisch-physikalisch zu einem Problem der Potentialtheorie wurde.

Was wir im geometrischen Sinn Oberfläche der Erde nennen, ist nichts
anderes als diejenige Fläche, welche überall die Richtung der Schwere
senkrecht schneidet und von der die Oberfläche des Weltmeeres einen
Teil ausmacht. Die Richtung der Schwere an jedem Punkt wird aber durch
die Gestalt des festen Teils der Erde und seine ungleiche Dichtigkeit bestimmt ... Die geometrische Oberfläche ist das Produkt der Gesamtwirkung
dieser ungleich verteilten Elemente, ... (trotz) dieser Sachlage hindert
aber nichts, die Erde im ganzen als elliptisches Rotationssphäroid zu betrachten, von dem die wirkliche – geometrische – Oberfläche bald in stär-
kern, bald in schwächern, bald in kürzern, bald in längern Undulationen
(Wellenbewegungen – H. W.) abweicht.

Gauß faßte die ausführlichen Studien und Publikationen zur Differentialgeometrie, von denen das Hauptwerk 1828 unter dem
Titel „Disquisitiones generales circa superficies curvas" erschienen war, zugleich als Vorbereitung auf ein von ihm angestrebtes
großangelegtes zusammenfassendes Werk über höhere Geodäsie
auf. Doch ist er dazu nicht mehr gekommen. Er veröffentlichte
lediglich 1844 bzw. 1847 Teildarstellungen unter dem Titel „Untersuchungen über Gegenstände der höheren Geodäsie". Aber
selbst in dieser bruchstückhaften Form wurden sie zum Ausgangspunkt der modernen Geodäsie; dem Kerne nach werden
sie auch heute noch verwendet.

Physik

Carl Friedrich Gauß war nahezu sechs Jahrzehnte produktiv
tätig. Sein wissenschaftliches Lebenswerk weist, bei allen natürlichen Übergängen, deutlich unterschiedliche Schwerpunkte während der verschiedenen Lebensperioden aus. Nach Zahlentheorie,
Astronomie und Analysis, Geometrie und Geodäsie wandte sich
Gauß am Ende der zwanziger, Anfang der dreißiger Jahre ver-
stärkt der Physik zu.
Man geht nicht fehl in der Einschätzung, daß diese Verschiebung
der wissenschaftlichen Interessen letztlich eine Folge der sich rasch
und durchgreifend ändernden gesellschaftlichen Lage von Mathematik und Naturwissenschaften war, wie sie sich insbesondere
mit dem Übergreifen der industriellen Revolution in den 20er
und 30er Jahren auch auf Deutschland ergeben mußte.
Mitten in der revolutionären Situation des Jahres 1848 schrieben
Karl Marx und Friedrich Engels über die Folgen der industriellen
Revolution:

Die Bourgeoisie hat in ihrer kaum hundertjährigen Klassenherrschaft massen-
haftere und kolossalere Produktionskräfte geschaffen als alle vorangegan-
genen Generationen zusammen. Unterjochung der Naturkräfte, Mechanerie,
Anwendung der Chemie auf Industrie und Ackerbau, Dampfschiffahrt, Eisenbahnen, elektrische Telegraphen, Urbarmachung ganzer Erdteile, Schiffbar-
machung der Flüsse, ganze aus dem Boden hervorgestampfte Bevölkerungen
– welches früheres Jahrhundert ahnte, daß solche Produktionskräfte im
Schoß der gesellschaftlichen Arbeit schlummerten.

Die Naturwissenschaften hatten das ihre dazu beigetragen. Die
stürmisch sich entwickelnden Produktivkräfte hatten den Naturwissenschaften sowohl eine Fülle von Anregungen gegeben als
auch ein neues, ungeahnt erweitertes Anwendungsfeld bereitet.
Chemie und Astronomie, Mathematik und Geologie, Physik und
Paläontologie erzielten in der ersten Hälfte des 19. Jahrhunderts
eine Fülle von tiefliegenden Einsichten; dazu konnte die meta-
physische Naturbetrachtung überwunden und nun endlich die Natur als einer Entwicklung in Zeit und Raum unterliegend begriffen und erforscht werden.

Die noch während der Großen Französischen Revolution 1794 gegründete Pariser École Polytechnique entwickelte sich während des ersten Drittels des 19. Jahrhunderts zum führenden mathematisch-naturwissenschaftlichen Zentrum der Erde. Dort wirkten u. a. die Mathematiker Monge, Lagrange, Laplace, Poisson, Cauchy, die Physiker Prony, Poinsot, Coriolis, Poncelet, Ampère, Gay-Lussac, Malus, Fresnel, die Chemiker Fourcroy, Dulong, Petit, Dumas, Berthollet, Thenard, Vauquelin. Dort bildete sich zum ersten Mal in enger Verbindung von Theorie und Praxis der Lehrbetrieb für die Ingenieurwissenschaften heraus, die bewußt in den Dienst der industriellen Entwicklung gestellt wurden.

Hand in Hand mit der Ausbreitung der industriellen Revolution ging die Entwicklung von „Polytechnischen Schulen" in ganz Europa; sie wurden fast überall weitgehend nach Pariser Muster eingerichtet. Aus ihnen sind zum Teil später Technische Hochschulen hervorgegangen.

Auch in Berlin wurden seit 1820 Pläne zur Errichtung einer polytechnischen Schule gemacht. Alexander v. Humboldt, der am preußischen Hofe eine einflußreiche Stellung besaß und sie mit Erfolg zur Förderung der Naturwissenschaften ausnutzte, bemühte sich, allerdings vergeblich, Gauß für Berlin zu gewinnen. Gegen Ende der 20er Jahre mußte das Vorhaben zur Gründung einer auf hohem naturwissenschaftlichem Niveau stehenden technischen Bildungseinrichtung in Berlin gänzlich fallengelassen werden; so gingen in den deutschen Staaten Karlsruhe (1825), München (1827), Dresden (1828), Stuttgart (1829) und Hannover (1831) mit der Einrichtung polytechnischer Schulen voran.

Eine engere Bekanntschaft zwischen Gauß und Alexander v. Humboldt kam 1828 zustande. Gauß nahm auf dringlich-herzliche Einladung Humboldts an der in Berlin stattfindenden Versammlung deutscher und skandinavischer Naturforscher teil und wohnte bei Humboldt, der eben seine Tätigkeit bei der Herausgabe des großangelegten südamerikanischen Reisewerkes in Paris beendet hatte und endgültig nach Berlin zurückgekehrt war. Die glücklich begonnene Begegnung in Berlin mündete in eine enge persönliche Bindung zwischen den beiden großen Naturforschern ein.

Gauß lernte darüber hinaus in Berlin viele bedeutende Naturforscher seiner Zeit persönlich kennen, u. a. den berühmten schwedischen Chemiker Jöns Jakob Berzelius (1779–1848), den Berliner Oberbaurat August Leopold Crelle, der 1826 das bald berühmt werdende „Journal für die reine und angewandte Mathematik" gegründet hatte, die deutschen Chemiker Leopold Gmelin (1788 bis 1853) aus Heidelberg und Eilhard Mitscherlich (1794–1863) aus Berlin, den berühmten Arzt Christoph Wilhelm Hufeland (1762–1836) und, was sich für die Zukunft als bedeutsam erweisen sollte, den Kopenhagener Professor Hans Christian Oersted (1777–1851), der 1820 die grundlegende Entdeckung des Elektromagnetismus gemacht hatte, daß nämlich eine Magnetnadel vom fließenden Strom abgelenkt wird.

Alexander v. Humboldt nahm schon bald nach seiner großen Südamerika-Reise eine führende Stellung in dem die Erde umspannenden „Verein zum Zwecke erdmagnetischer Beobachtungen", einer losen Vereinigung von Freunden und Interessenten, ein und verstand es, Gauß für den Erdmagnetismus stärker als vorher zu interessieren, ja, ihn dafür zu begeistern. Darüber hinaus machte er ihn mit dem begabten jungen Hallenser Privatdozenten für Physik Wilhelm Weber (1804–1891) bekannt. Trotz des immerhin beträchtlichen Altersunterschiedes fanden die beiden, Gauß und Weber, aneinander Gefallen. Auf Betreiben von Gauß wurde Weber 1831 nach Göttingen berufen, und sie gingen an gemeinsame Untersuchungen zum Erdmagnetismus, im selben Jahre übrigens, als Faraday in England die elektromagnetische Induktion entdeckte.

Die Zusammenarbeit zwischen Gauß und Weber gestaltete sich überaus fruchtbar, zumal Gauß eine Ablenkung nach dem qualvollen Tode seiner zweiten Frau fand. Im Jahre 1833 wurde auf dem Gelände der Sternwarte ein „magnetisches Observatorium" errichtet, in dem alle sonst aus Eisen bestehenden Gebäudeteile aus Kupfer gefertigt waren, damit störungsfrei beobachtet werden konnte.

Als erstes bedeutendes Ergebnis machte Gauß 1832 das noch heute für wissenschaftliche Zwecke grundlegende sogenannte absolute physikalische Maßsystem bekannt: Auch die magnetischen Grundgrößen wie Polstärke, Feldstärke usw. werden in diesem Maßsystem auf die drei Grundgrößen Länge, Zeit und Masse zurückgeführt. Vom Jahre 1836/37 an wurden Hefte mit „Resultaten aus den Beobachtungen des magnetischen Vereins" von Gauß

und Weber herausgegeben. Sie enthalten u. a. 1838/39 die Gaußsche „Allgemeine Theorie des Erdmagnetismus" und 1839/40 die
Abhandlung „Allgemeine Lehrsätze in Beziehung auf die im verkehrten Verhältnisse des Quadrats der Entfernung wirkenden An-
ziehungs- und Abstoßungskräfte".

In der ersten Abhandlung wird eine Fülle genauester Messungen
verarbeitet, die Gauß und Weber mit neuen Meßverfahren gewonnen hatten; die Änderungen des erdmagnetischen Feldes waren alle 5 Minuten festgehalten worden! Gauß faßte die Erde
als einen Magneten auf, dessen Nord- und Südpol sich mit den
geographischen Polen nicht genau decken. Das Potential des Erdmagnetismus wurde nach höheren analytischen Funktionen, sog:
Kugelfunktionen, entwickelt. Gauß gelangte so durch Rechnung
zur Angabe der ungefähren Lage der magnetischen Pole der Erde;
tatsächlich wurden sie wenig später durch Schiffsexpeditionen
ganz nahe an den von Gauß errechneten Punkten der Erde festgestellt.

Die zweite Abhandlung ist die Geburtsurkunde einer neuen selb-
ständigen mathematisch-physikalischen Disziplin, der Potentialtheorie. Bei der Gravitation ziehen sich bekanntlich die Massen mit
einer Kraft an, die indirekt proportional ist zum Quadrat der
Entfernungen zwischen den Massen. Die experimentellen Untersuchungen der Anziehung zwischen (ungleich) geladenen elektrischen Partikeln und Magnetpolen hatten dasselbe Gesetz zutage gebracht; an die Stelle der Masse treten die Ladungen bzw.
Polstärken. Gauß untersuchte nun die allgemeinen Gesetze der
sich so ergebenden Kräfte, die, auf dieser abstrakten Ebene, dann
sowohl die Mechanik wie Elektrostatik und Magnetostatik um-
fassen. Als grundlegenden Begriff führte Gauß das Potential ein,
jene Kraft, die notwendig ist, einen Massenpunkt aus dem Unendlichen heranzuholen. (Ähnliche Ansätze in Richtung einer allgemeinen Potentialtheorie stammten bereits 1828 von dem Eng-
länder George Green (1793–1841); sie waren indes damals unbeachtet geblieben.)

Die magnetischen Messungen gingen Hand in Hand mit zahlreichen experimentellen Untersuchungen über galvanische Ströme,
Elektromagnetismus, Induktion und Elektrodynamik. Am berühmtesten wurde die von Gauß und Weber gemachte Erfindung der elektromagnetischen Telegraphie, die auf die Jahre

1833/34 zurückgeht. Sie bauten einen Induktor, mit dessen Hilfe sich kräftige Stromstöße in beiderlei Richtungen erzeugen ließen. Als Empfänger diente ein Galvanometer mit Magnetstab und Spiegelablesung; nach Verbindung der beiden Apparate konnte jeder Stromstoß des Induktors auf diese Weise sichtbar gemacht werden.

Insbesondere Weber widmete sich mit der ihm eigenen rasch entflammbaren Tatkraft der Durchbildung des apparativen Teiles. Vom physikalischen Kabinett in der Innenstadt verlegte er, zusammen mit dem Universitätsmechaniker Michelmann, eine doppelte Drahtverbindung über die Dächer der Stadt hinweg zu der außerhalb der Stadtmauern liegenden Sternwarte, eine Strecke von beinahe zwei Kilometern (Abb. 8). Viele Hindernisse waren zu überwinden. Die Kupferdrähte rissen, da sie der Belastung durch Zug nicht standhielten. So ging man zu gefirnißtem Eisendraht über. Mutwillige Zerstörungen kamen hinzu; durch den Magistrat der Stadt mußte die Drahtleitung der besonderen Obhut der Nachtwächter empfohlen werden.

Endlich, im April 1833, war das Werk vollendet. Man verabredete die Art der Signale, d. h. eine Zuordnung der Buchstaben des Alphabets zu den Induktionsstromstößen; am Empfänger konnten die Ausschläge des Magnetstabes als Buchstaben dechiffriert werden. Das erste Telegramm erforderte 40 Ausschläge des Magnetstabes und lautete: „Michelmann kommt!"

Zwar betrachtete Gauß als seine eigentliche Aufgabe die „theoretischen Eroberungen im Gebiet des Elektromagnetismus", wie er sich 1835 in einem Brief an Schumacher ausdrückte. Aber er sah auch die großartigen Möglichkeiten der Telegraphie, konnte indessen nur bedauern, daß ihm die finanziellen Möglichkeiten fehlten:

In anderen äußeren Verhältnissen als die meinigen sind, ließen sich wahrscheinlich auch für die Societät wichtige und in den Augen des großen Haufens glänzende praktische Anwendungen daran knüpfen. Bei einem Budget von 150 Thalern jährlich für Sternwarte und magnetisches Observatorium zusammen ... lassen sich freilich wahrhaft großartige Versuche nicht anstellen. Könnte man darauf aber Tausende von Thalern wenden, so glaube ich, daß z. Bsp. die Electromagnetische Telegraphie zu einer Vollkommenheit und zu einem Maaßstabe gebracht werden könnte, vor der die Phantasie fast erschrickt. Der Kaiser von Rußland könnte seine Befehle ohne Zwischenstation nach Odessa, ja vielleicht nach Kiachta geben ...

8 Historischer Stadtplan von Göttingen; mit eingezeichneter Telegraphenlinie

Gauß erkannte auch die bedeutenden möglichen Auswirkungen des Telegraphen auf das rasch sich entwickelnde Eisenbahnwesen. Im Jahre 1826 war in England der erste öffentliche Eisenbahnzug von Liverpool nach Manchester gefahren und hatte dreißig Reisende mit der sensationellen Geschwindigkeit von ca. 40 Kilometern in der Stunde befördert. Schon 1835 wurde die erste deutsche Strecke zwischen Nürnberg und Fürth in Betrieb genommen. Längs dieser Eisenbahnstrecke legte der Münchener Professor der Physik und Mathematik Carl August Steinheil (1801 bis 1870), der übrigens auch bei Gauß studiert hatte, eine Telegraphenlinie an. Gauß empfahl nun Steinheil, an Stelle der teuren Leitungsdrähte die schon vorhandenen Schienen für die Hin- und Rückleitung des Stromes zu benutzen. Steinheil hielt sich an diesen Vorschlag, hatte aber Kurzschluß in der Leitung. Auf diese Weise wurde das erhebliche Leitvermögen der Erde entdeckt, eine Voraussetzung für die rasche Entfaltung des Telegraphenwesens, da nun nur noch eine isolierte Drahtverbindung notwendig war.

Die überaus fruchtbare wissenschaftliche Zusammenarbeit zwischen Gauß und Weber wurde durch reaktionäre Politik gewaltsam unterbrochen. Weber weigerte sich, zusammen mit sechs seiner Göttinger Kollegen, den Verfassungsbruch des hannoverschen Königs zu akzeptieren, wurde 1837 aus seinem Amt entlassen und verließ 1843 Göttingen. Über diese Vorgänge wird im nächsten Kapitel noch ausführlich zu berichten sein.

Der erste Telegraph in Göttingen blieb lange Jahre voll funktionsfähig; auch Gauß' Tochter Therese beteiligte sich an dem Nachrichtendienst, der sich für den Informationsaustausch zwischen Sternwarte und physikalischem Kabinett sehr nützlich erwies. Erst ein Blitzschlag zerstörte am 16. Dezember 1845 die Leitung. Gauß berichtete an Schumacher:

Der auf dem Johannis-Thurm aufgefallene sehr starke Blitzschlag hat sich wahrscheinlich ganz auf diese Drähte vertheilt, sie alle zerstört, in theils größere theils kleinere Stücke zerlegt, Stücke von 4–5 Zoll Länge und zahllose Kügelchen wie Mohnkörner, die alle einen prachtvollen Feuerregen gebildet haben ... Schaden ist gar nicht geschehen, außer daß einer Dame von herabfallenden glühenden Drahtstücken ein paar Löcher durch den Hut gebrannt sind.

Das Interesse von Gauß an der Physik erstreckte sich nicht nur auf Erdmagnetismus und Elektromagnetismus. Unter anderem hatte er 1829 mit dem sogenannten „Prinzip des kleinsten Zwanges" ein allgemeines Grundprinzip der Mechanik hergeleitet, das es gestattete, ohne die Methoden der Variationsrechnung auszukommen. Hervorzuheben sind ferner die von Gauß angegebenen Methoden zur absoluten Bestimmung der Intensität des erdmagnetischen Feldes, seine Studien zur Optik, die unter anderem Untersuchungen über achromatische Doppelobjektive umfaßten, sowie schließlich eine sehr weitreichende Arbeit von Gauß über die Kapillaritätstheorie, die 1830 erschien.

Gauß in seiner Zeit

Es ist und bleibt für den Menschen unserer Zeit ein Phänomen, daß Gauß einerseits auf entscheidenden Gebieten der Mathematik und Naturwissenschaft revolutionäre Wirkungen ausgelöst hat, die Forderungen seiner Zeit an die Wissenschaft erkannt hat und ihnen weitgehend gerecht geworden ist und zugleich und andererseits in weltanschaulich-politischen Fragen konservativ blieb.

Die Gründe für sein Zurückbleiben in politischen Dingen hat man wohl in den starken Eindrücken aus seiner Jugend zu suchen. Das relativ unterentwickelte Produktionsniveau des absolutistischen braunschweigischen Herzogtums brachte es – im Unterschied zu England und Frankreich – mit sich, daß sich dort der dritte Stand in keiner Weise politisch organisiert hatte, geschweige denn, daß sich ein Proletariat herausgebildet hätte. Gauß erhielt als Jüngling und als junger Mann vom damaligen braunschweigischen Herzog beträchtliche finanzielle Unterstützung. Daraus zog Gauß für sich die Konsequenz einer persönlich gefärbten Dankbarkeit und Anhänglichkeit an den Herzog, die ihn sogar 1802/03 ehrenvolle, sehr günstige Berufungen nach St. Petersburg und Göttingen ausschlagen ließen.

Ein tiefes Mißverständnis über die gesellschaftliche Position und Funktion seines damaligen Herrschers prägte auch Gauß' grundlegende politische Ansichten. Wohl lehnte er mit aller Entschiedenheit die napoleonische Fremdherrschaft ab und wünschte sich – freilich ohne seine aktive Teilnahme – die Vertreibung der Franzosen von deutschem Boden, doch konnte er sich als ideale Herrschaftsform nur die aufgeklärte Monarchie vorstellen, an deren Spitze ein hochgebildeter Fürst stehen sollte, der insbesondere den Wissenschaften eine ruhige Heimstatt zu beschaffen hätte.

Mit dieser Anschauung stand Gauß am Ende des 18., Anfang des 19. Jahrhunderts nicht allein da, sondern bewegte sich durchaus im Rahmen der politisch kaum emanzipierten deutschen natur-

wissenschaftlichen Intelligenz, von wenigen Ausnahmen, wie
Georg Forster (1754–1794) zum Beispiel, abgesehen. Doch dann
blieb Gauß hinter der Entwicklung zurück. Das erste offenkundige Versagen von Gauß begegnet uns in seiner Haltung zu den
Göttinger Sieben und dem damit verbundenen politischen Sturm
in Deutschland.

Auf einen Verfassungsbruch des Königs Ernst August von Hannover, der 1837 die relativ liberale Verfassung eigenmächtig aufhob, antworteten sieben Göttinger Universitätsprofessoren mit
öffentlichen Protesten, die Historiker Friedrich Christoph Dahlmann (1785–1860) und Georg Gottfried Gervinus (1805–1871),
die Brüder Jacob (1775–1863) und Wilhelm Grimm (1786–1859),
der Germanist und Rechtswissenschaftler Wilhelm Albrecht (1800
bis 1876), der Physiker Wilhelm Weber und der Orientalist
Georg Heinrich August Ewald.

Der König entließ die sieben Protestierenden und quittierte die
Empörung darüber mit der zynischen Bemerkung, er könne sich
für sein Geld soviel Ballettmädchen, Huren und Professoren halten, wie er wolle. Dahlmann, Gervinus und Jacob Grimm mußten
binnen drei Tagen das Land verlassen, die anderen durften im
Falle ihres „Wohlverhaltens“ bleiben.

Der Name von Gauß, der dem Protest ein noch weit größeres
Gewicht verliehen hätte, fehlte jedoch auf der Resolution; Dahlmann insbesondere hatte fest auf Gauß gezählt. Es entschuldigt
Gauß letzten Endes auch nicht, wenn er sich, schon sechzig Jahre
alt und ein Lebensalter in Göttingen tätig, mit Rücksicht auf
seine bei ihm wohnende hochbetagte und vollständig erblindete
Mutter zurückhielt.

Ewald war Gauß' Schwiegersohn. Durch den Fortgang von Ewald
und die sich anschließende Berufung nach Tübingen mußte sich
Gauß von der ihm sehr nahestehenden Tochter Minna trennen.
Insbesondere aber war die so überaus fruchtbare Zusammenarbeit mit Wilhelm Weber gefährdet. Hier vermochten es Geldspenden aus allen Teilen Deutschlands, den Göttinger Sieben den Verlust ihres Gehaltes zu ersetzen. So konnte Wilhelm Weber, von
einer Welle allgemeiner Sympathie und materieller Unterstützung
getragen, zunächst noch in Göttingen bleiben. Sein Bruder Ernst
Heinrich Weber (1795–1878), Professor der Anatomie und Psychologie, schrieb ihm aus Leipzig:

Die Subskription in Hamburg fällt sehr ansehnlich aus. Dasselbe ist in Berlin der Fall. Auch bei uns geht sie fort. Im Vogtlande und Erzgebirge steuern die ärmsten Leute, Strumpfwirker usw. dazu.

Schließlich aber nahm Wilhelm Weber aus Mangel an Geld für die aufwendigen wissenschaftlichen Geräte 1843 eine Professur für Physik an der Leipziger Universität an; im Jahre 1849 kehrte er, ohne das geringste Zugeständnis gemacht zu haben, als moralischer Sieger nach Göttingen zurück und blieb dort bis zu seinem Tode am 23. 6. 1891 als Professor der Physik.
Wenn Gauß auch den Schritt der Sieben nicht billigte und letztlich für nutzlos hielt, so erkannte er doch, daß es sich bei dem Protest um eine echte politische und von Überzeugung getragene Aktion gehandelt hatte. Gauß unternahm daher nicht den ihm nahegelegten Versuch, Weber zu einem Widerruf zu überreden. Andererseits verwandte sich Gauß auch nicht – was doch nahegelegen hätte – direkt für Weber. Er bat vielmehr Alexander v. Humboldt, sich für Weber mit dem Hinweis auf den Fortgang der wissenschaftlichen erdmagnetischen Forschungen beim hannoverschen König einzusetzen.
Auch für Ewald engagierte sich Gauß nicht, und zwar ausgesprochenermaßen deswegen nicht, weil er sich wegen der verwandtschaftlichen Beziehungen nicht irgendwelchen Verdächtigungen aussetzen wolle.
Der Ruf der Göttinger Universität hat durch die Vorgänge um die Göttinger Sieben schwer gelitten. Erst ein halbes Jahrhundert später konnte der Verlust an geistiger Substanz überwunden werden, und Göttingen entwickelte sich zu einem führenden Weltzentrum der mathematisch-naturwissenschaftlichen Forschung.
Schon im achten Lebensjahrzehnt stehend erlebte Gauß noch die bürgerlich-demokratische Revolution von 1848. Da Göttingen neben Hildesheim als das Zentrum der revolutionären Kräfte im Königreich Hannover galt, wurde ein Truppenkontingent nach Göttingen verlegt. Ein Teil der progressiven Studenten hielt seine militärischen Übungen deshalb außerhalb der Stadt ab. Jedoch waren die reaktionären Studenten weitaus in der Überzahl; zusammen mit den Truppen beherrschten sie militärisch die Szenerie.
Gauß war politischen Reformen durchaus nicht abgeneigt. Er sah und wußte von den schweren sozialen Spannungen, und er

kannte die furchtbare Lage der arbeitenden Bevölkerung in den
Elendsgebieten, die der aufkommende Industriekapitalismus schuf.
Als aufmerksamer und gewissenhafter Beobachter der politischen
Zustände und als eifriger Zeitungsleser erfuhr er – wenn auch
nur über die subjektive Berichterstattung durch politisch kon-
servative oder reaktionäre Zeitungen – von den Hungerrevolten
des Jahres 1847 und der Not und dem Aufstand der schlesischen
Weber.

Die Vorstellung aber von Unruhe, Revolution und Bürgerkrieg
beunruhigte und erschreckte Gauß und ließ ihn, um die Zeit der
48er Revolution, eine ausgesprochen konservative Haltung ein-
nehmen. So trat er zwar 1847 mit großer Entschiedenheit für die
Einigung Deutschlands ein. Am 20. April 1848 aber, nachdem
die Revolution nach Paris auch in Wien und Berlin gesiegt hat,
schreibt er dem Jugendfreund im fernen Siebenbürgen:

Das gewaltige politische und sociale Erdbeben, welches in immer weiterer
Verbreitung fast alle europäischen Zustände umstürzt hat bisher dein Vater-
land im engeren Sinne (ich meine Siebenbürgen) noch nicht berührt. Ich
hege zwar das Vertrauen, daß am Ende erfreuliche Früchte daraus hervorgehen werden; aber die Übergangsperiode wird erst vielfache Bedrängnisse
bringen und (quod tamen deus avortat) (was Gott abwenden möge – H. W.)
kann lange dauern. In unserem Alter ist immer sehr zweifelhaft, ob wir das
einst bevorstehende goldene Zeitalter erleben ...

Das Hin und Her um die Verfassung und um die Konstituierung
der Nationalversammlung in der Frankfurter Paulskirche und
die schließliche Niederschlagung der Revolution mit militäri-
scher Macht empfand Gauß als Treiben in einem „Tollhaus".
Zudem hatte er eine höchst geringe Meinung von der Kraft des
Volkes bei der Gestaltung des gesellschaftlichen Fortschritts und
sah das eigentliche Mittel hierfür, gemäß seiner eigenen aristo-
kratischen Denkhaltung, vorwiegend im Wirken hervorragender
Persönlichkeiten. So kam es, daß der alternde Gauß, insbesondere
in der Zeit der Niederschlagung der bürgerlichen Revolution
1849/50, von vielen seiner Studenten schließlich als politisch reak-
tionär betrachtet wurde.

Gauß hat zeit seines Lebens die Glaubenssätze des Christentums nicht Wort für Wort wahr gehalten. Jedoch war er, wie die
meisten Menschen seiner Zeit, von tiefer Gläubigkeit an eine
himmlische Autorität erfüllt, die er sich seiner naturwissenschaft-

lichen Grundhaltung entsprechend als eine Art Weltenlenker vorstellte, der die Natur nach mathematisch-physikalischen Gesetzen regiert: Gauß pflegte diese deistische Grundidee des öfteren knapp mit zwei Worten zu umreißen: „Gott rechnet".

Eines seiner Lieblingsthemen metaphysischen Charakters war zeitlebens für Gauß das Sterben, wie überhaupt gerade nach Perioden hoher Produktivität sich bei ihm auch deutlich Phasen tiefer Depressionen abheben. Im Jahre 1802, also noch in recht jungen Jahren stehend, schrieb er an seinen Freund Bolyai:

Möge der Traum, den wir das Leben nennen, dir ein süßer sein, ein Vorgeschmack des wahren Lebens in unserer eigentlichen Heimat, wo den erwachten Geist nicht mehr die Ketten des trägen Leibes, die Schranken des Raums, die Geißel der irdischen Leiden und das Necken unserer kleinlichen Bedürfnisse und Wünsche drückt. Laß uns mutig und ohne Murren die Bürde bis ans Ende tragen, aber nie jenes höhere Ziel aus den Augen verlieren. Freudig werden wir dann, wenn unsere Stunde schlägt, die Last niederlegen und den dichten Vorhang fallen sehen.

Man kann nicht umhin festzustellen, daß Gauß in diesen weltanschaulichen Fragen weit hinter der breiten materialistischen, teilweise sogar antireligiösen Strömung etwa der französischen Naturforschung seiner Zeit zurückgeblieben war. Man denke etwa an Laplace und Evariste Galois (1811–1832) und andere.

Auf der anderen Seite hat sich Gauß mehr als einmal über die romantische deutsche Naturphilosophie mit ihren spekulativen, zum Mystizismus neigenden Zügen lustig gemacht, über die „Haarspaltereien der sogenannten Metaphysiker". Gauß war für das empirisch Überprüfbare, für Experiment und Nachweis im Bereich der natürlichen Umwelt und in diesem Sinne strikter und spontaner Anhänger des naturwissenschaftlichen Materialismus, um ein Wort von W. I. Lenin zu gebrauchen.

Die Übernahme oder den Anschluß an ein eigentliches philosophisches System hat Gauß nicht angestrebt. Er las natürlich Kant, er spöttelte über Georg Wilhelm Friedrich Hegel (1770–1831), der zu Felde gezogen war, die Nichtexistenz von weiteren Planeten zu beweisen, gerade, als diese entdeckt wurden, er verachtete die sogenannten Naturphilosophen wie Friedrich Wilhelm Schelling (1775–1854), er machte sich über die Modetorheit der Lehre vom tierischen Magnetismus lustig, die der Arzt Franz Mesmer (1733–1815) zu spektakulären Scharlatanerien hochgespielt hatte, er

gab seiner Verachtung für auf Seancen im „Tischrücken" sich
betätigende Zeitgenossen kräftigen Ausdruck und anderes mehr.
Gemäß seiner weltanschaulichen Grundhaltung aber konnte Gauß
die materialistische Philosophie Ludwig Feuerbachs (1804–1872)
nur ablehnen; in Anspielung auf dessen 1841 erschienene Schrift
„Wesen des Christentums" sprach er gegenüber Weber von tiefen
„Verirrungen des menschlichen Geistes". Ob Gauß von den politisch revolutionären Schriften der sich formierenden Arbeiter-
klasse, ob er etwa vom „Kommunistischen Manifest" von 1848
Kenntnis genommen hat, ist nicht bekannt, aber kaum anzu-
nehmen.
Eine seiner Hauptvergnügungen fand der alternde Gauß bei um-
fangreicher Lektüre. Regelmäßig zwischen elf und dreizehn Uhr
täglich pflegte sich Gauß im Göttinger sogenannten „Literarischen
Museum" aufzuhalten, einer 1848 von reaktionären Kreisen ge-
gründeten Einrichtung, die der politischen Umerziehung der fort-
schrittlichen Studenten dienen sollte. Besondere Aufmerksamkeit
widmete Gauß den dort ausliegenden, natürlich konservativen
Zeitungen so ausführlich und mit zäher Hingabe, daß ihn die
Studenten als „Zeitungstiger" bezeichneten.
Überhaupt war Gauß außerordentlich belesen. Sein deutscher
Lieblingsschriftsteller war Jean Paul. Dessen sentimentale, patrio-
tische, gelegentlich hintergründig humorige und religiös gefärbte
Schriften hatten ihn – weit vor Friedrich Schiller und Johann
Wolfgang Goethe – zur damaligen Zeit zum vielleicht meistgele-
senen deutschsprachigen Autor aufrücken lassen. Von den aus-
ländischen Schriftstellern bevorzugte Gauß Walter Scott; aber
er las – natürlich in der Originalsprache – auch Milton, Dickens,
Swift, Richardson und andere englische Autoren ebenso gründ-
lich wie die großen Franzosen Montaigne, Rousseau, Voltaire,
Condorcet. Auch die dänische, schwedische, spanische und italienische Literatur seiner Zeit verfolgte er in der Originalsprache
mit großer Aufmerksamkeit. Da zwei seiner Söhne in den USA
lebten, interessierte sich Gauß auch für die amerikanische Literatur; mit besonderem Interesse las er die Bücher von Cooper und
„Onkel Toms Hütte" von Stowe. Zu all dem kam, noch als Nach-
wirkung seiner Jugendstudien, eine ständige Lektüre der antiken
Autoren wie Aristoteles, Cicero, Vergil, Tacitus, Caesar, Hero-
dotos, Plautus, Seneca u. a.

Gauß sprach viele der lebenden europäischen Sprachen korrekt, englisch und französisch sogar fließend. In relativ fortgeschrittenem Alter – nachdem er von den Abhandlungen von Lobatschewski Kenntnis genommen hatte – wandte sich Gauß noch dem Russischen zu. Er konnte bald gewandt sprechen und mit einem in Göttingen zu Besuch weilenden russischen Hofrat in dessen Muttersprache Konversation machen. Bei seinem Tode fanden sich in der Bibliothek von Gauß 57 russisch-sprachige Bücher, darunter acht Bände von Puschkin. Auch Sanskrit-Studien hat Gauß versuchsweise betrieben, doch fand er keinen rechten Gefallen daran.

Gauß hatte eine echte Neigung zur Musik. Man weiß nicht, ob er ein Instrument gespielt hat, aber er sang viel, notierte sich Lieder und besuchte regelmäßig Konzerte. Dagegen war er kein großer Freund vom Reisen; er ist nie weiter gekommen als bis nach Bayern.

Mit einer Art Leidenschaft sammelte Gauß zeit seines Lebens eine Unmenge Zahlenangaben, von Wichtigem und Unwichtigem, von Möglichem und Unmöglichem: Verzeichnis der Lebenslänge von berühmten Männern in Tagen, das monatliche Einkommen der hannoverschen Eisenbahnen, Zahl der Schritte von seiner Wohnung zu allen von ihm häufig aufgesuchten Stellen in Göttingen, und manches andere mehr. Hinter diesen kuriosen Einzelheiten stand das tiefe wissenschaftliche Interesse an statistischem Material auf allen Gebieten des gesellschaftlichen Lebens.

Nach dem Tode von Gauß stellten seine Angehörigen mit einigem Erstaunen fest, daß er als sehr wohlhabender Mann gestorben war, das hinterlassene Vermögen betrug mehr als 170 000 Taler! Neben einer relativ sparsamen Lebensweise und bei einem bescheidenen Grundgehalt von rund 1 000 Talern jährlich kam diese beträchtliche Summe durch recht geschickte Geschäfte beim Kauf und Verkauf von Wertpapieren zustande. Gauß verfolgte die Börsennachrichten sehr aufmerksam und besaß einen bemerkenswerten Geschäftssinn. In seinen hinterlassenen Papieren befanden sich u. a. russische, hannoversche, preußische, schwedische, belgische, österreichische und mecklenburgische Aktien.

Lebensende

Am 16. Juli 1849 wurde in Göttingen, in der Aula der dortigen Gesellschaft der Wissenschaften, das fünfzigjährige Doktorjubiläum von Gauß festlich begangen. Gauß legte aus diesem Anlaß eine neue Abhandlung vor, seine „Beiträge zur Theorie der algebraischen Gleichungen". Hier kam er u. a. noch einmal auf den Gegenstand zurück, dem er ein halbes Jahrhundert zuvor seine Dissertation gewidmet und dem er in der Zwischenzeit zwei weitere Beweise hinzugefügt hatte, auf den Fundamentalsatz der Algebra. In seiner Dissertation hatte Gauß nach außen hin die Benutzung der komplexen Zahlen vermieden. Nun, da diese wesentlich durch seine Autorität volles Heimatrecht in der Mathematik erhalten hatten, konnte er den Satz in einer allgemeineren Fassung formulieren, die auch den Fall komplexer Gleichungskoeffizienten mit einschloß.
Diese Abhandlung war die letzte wissenschaftliche Publikation von Gauß. Er blieb jedoch noch weiterhin aktiv wissenschaftlich tätig, hielt noch im Wintersemester 1850/51 Vorlesungen über die Methode der kleinsten Quadrate, beschäftigte sich mit Reihenkonvergenz und ließ den berühmten Pendelversuch des Franzosen Léon Foucault (1819–1868) in verbesserter Form wiederholen, mit dem dieser 1852 experimentell die Rotation der Erde bewiesen hatte.
In seinen letzten Lebensjahren erhielt Gauß zwei Schüler, die ihrerseits entscheidend zum Fortschritt der Mathematik im 19. Jahrhundert beigetragen haben, Richard Dedekind (1831–1919) und Bernhard Riemann.
Auch Dedekind stammte aus Braunschweig, studierte und habilitierte sich 1854 in Göttingen. Im Jahre 1862 kehrte er nach einer Tätigkeit am Polytechnikum in Zürich endgültig nach Braunschweig zurück, an die aus dem Collegium Carolinum hervorgegangene höhere technische Lehranstalt, die spätere Technische Hochschule. Dort begründete Dedekind u. a. eine strenge, logisch einwandfreie Theorie der Irrationalzahlen und schloß damit seinerseits direkt

an das Wirken von Gauß an: Hatte Gauß auf der Grundlage
einer vorausgesetzten Lehre von den irrationalen Zahlen die komplexen Zahlen logisch einwandfrei begründen können, so lieferte
Dedekind ein sicheres System der irrationalen Zahlen auf der
Grundlage einer vorausgesetzten Lehre von den rationalen und natürlichen Zahlen. Dies letztere zu begründen, blieb dem italieni-
schen Mathematiker Guiseppe Peano (1858–1932) vorbehalten.
Dedekind hat den alternden Gauß während seiner letzten Lebens-
jahre erlebt und höchst eindrucksvoll darüber berichtet:

Gauß trug ein leichtes schwarzes Käppchen, einen ziemlich langen braunen
Gehrock, graue Beinkleider. Er saß meist in bequemer Haltung, etwas
gebeugt vor sich niedersehend, mit über den Leib gefalteten Händen. Er
sprach ganz frei, sehr deutlich, einfach und schlicht. Wenn er aber einen
neuen Gesichtspunkt hervorheben wollte, wobei er ein besonderes charak-
teristisches Wort gebrauchte, so erhob er wohl plötzlich den Kopf, wandte
sich zu seinem Nachbarn und blickte ihn während der nachdrücklichen Rede
ernst mit seinen schönen, durchdringenden blauen Augen an. Das war un-
vergeßlich ... Ging er von einer prinzipiellen Erörterung zur Entwicklung
mathematischer Formeln über, so erhob er sich, und in stattlicher, ganz auf-
rechter Haltung schrieb er an einer neben ihm stehenden Tafel mit der ihm
eigenen Handschrift, wobei es ihm immer durch Sparsamkeit und zweckmäßige
Anordnung gelang, mit dem ziemlich kleinen Raume auszukommen. Für die
Zahlenbeispiele, auf deren sorgfältige Durchführung er besonderen Wert legte,
brachte er die erforderlichen Daten auf kleinen Zetteln mit.

Riemann stammte aus Breselenz bei Danneberg/Elbe und studierte
in Berlin und Göttingen. 1851 promovierte er bei Gauß mit einer
schrittmachenden Arbeit zur Grundlegung der Funktionentheorie;
1854 legte er der Göttinger Fakultät seine Habilitationsschrift über
die Darstellbarkeit von Funktionen durch trigonometrische Reihen vor. Zum Habilitationsverfahren gehörte es, daß der Kandidat
der Fakultät drei Themen für den Habilitationsvortrag anbot; im
allgemeinen wurde das erstgenannte ausgewählt. Gauß aber, der
natürlich in der Fakultät einen großen Einfluß besaß, wählte gegen alle Gewohnheit das dritte von Riemann angegebene Thema
aus: „Über die Hypothesen, welche der Geometrie zu Grunde liegen". Offenbar fühlte sich Gauß von dieser Thematik im Hinblick
auf seine eigenen Untersuchungen zur nichteuklidischen Geometrie besonders angezogen.
Der Vortrag fand am 10. Juni 1854 statt und stellte eine der
Sternstunden der Entwicklung der Mathematik dar. In der Ein-
leitung führte Riemann u. a. aus:

Ich habe mir die ... Aufgabe gestellt, den Begriff einer mehrfach ausgedehnten Grösse aus allgemeinen Grössenbegriffen zu construiren. Es wird
daraus hervorgehen, dass eine mehrfach ausgedehnte Grösse verschiedener
Massverhältnisse fähig ist und der Raum also nur einen besonderen Fall
einer dreifach ausgedehnten Grösse bildet. Hiervon aber ist eine notwen-
dige Folge, dass die Sätze der Geometrie sich nicht aus allgemeinen Grössenbegriffen ableiten lassen, sondern dass diejenigen Eigenschaften, durch welche sich der Raum von anderen denkbaren dreifach ausgedehnten Grössen
unterscheidet, nur aus der Erfahrung entnommen werden können.

Mit erstaunlicher Klarheit offenbart sich hier der konsequent materialistische Standpunkt des Naturforschers und Mathematikers
Riemann. Auf dieser Grundlage führte er den Raum als topolo-
gische Mannigfaltigkeit von *n* Dimensionen ein und definierte dar-
in eine Metrik mittels einer quadratischen Differentialform. Riemann gewann so ein Prinzip, um die damals bekannten Typen von
Geometrien zu klassifizieren und neue Raumtypen aufzustellen.
So erhielt er die elliptische Geometrie und die von Gauß, Lobatschewski und Bolyai entdeckte hyperbolische Geometrie als die
beiden Grundtypen der nichteuklidischen Geometrie neben der
„normalen" euklidischen (auch als parabolisch bezeichneten) Geometrie.
Diese Entdeckungen sichern Riemann einen bleibenden Platz auch
unter den führenden Wegbereitern eines wissenschaftlichen Welt-
bildes. Sie wiesen zugleich in die Zukunft: Die Gedanken von
Riemann gaben Heinrich Hertz (1857–1894), Henri Poincaré (1854
bis 1912), Hendrik Antoon Lorentz (1853–1928), Hermann Min-
kowski (1864–1909) und anderen Anregungen zur Besinnung auf
die Art des Zusammenhanges zwischen Raumstruktur und physikalischen Gesetzmäßigkeiten und mündeten schließlich bei Albert
Einstein (1879–1955) in die Grundlagen der speziellen und allgemeinen Relativitätstheorie ein.
Mit seinem Habilitationsvortrag hatte Riemann, ohne dies zu wissen, eine von Gauß selbst berührte Forschungsrichtung getroffen,
die Grundlegung der nichteuklidischen Geometrie. Entsprechend
war die Reaktion von Gauß. Wie Dedekind berichtet, sprach sich
Gauß auf dem Rückwege von der Fakultätssitzung gegen seinen
langjährigen engen Mitarbeiter und Kollegen Wilhelm Weber mit
einer „bei ihm seltenen Erregung über die Tiefe der von Riemann
vorgetragenen Gedanken aus".

Dedekind und Riemann waren nicht eigentlich Schüler von Gauß in des Wortes engerem Sinne, dazu war der persönliche Kontakt zwischen ihnen und Gauß viel zu gering. Und doch haben sie, in der von Gauß repräsentierten Welt der Wissenschaft stehend, die von ihm eingeleitete Entwicklung weitergeführt, schon zu einem Zeitpunkt, als er, noch lebend, selbst nicht mehr aktiv eingreifen konnte.

Nach und nach wurde es einsam um Gauß. Seine Altersgenossen, seine Mitstreiter für den Fortgang der Wissenschaften aus früheren Zeiten schieden aus dem Leben. Olbers war schon 1840 gestorben, Bessel 1846; im Jahre 1850 verstarb auch Schumacher. Der freundliche Kontakt mit Alexander v. Humboldt blieb, Briefe gingen von Zeit zu Zeit hin und her. Außerordentlich anerkennend äußerte sich Gauß über den Humboldtschen „Kosmos", den großangelegten Versuch einer zusammenfassenden Darstellung des gesamten damaligen naturwissenschaftlichen Wissens, der von 1845 an in einzelnen Bänden zu erscheinen begonnen hatte.

Auch persönliche Lebensumstände bildeten den Gegenstand des Briefwechsels zwischen den beiden altgewordenen Geistesheroen, darunter der Gesundheitszustand. Am 28. Februar 1851 berichtete Gauß an Alexander v. Humboldt:

Zwar habe ich seit vielen Jahren keine eigentliche Krankheit gehabt, dagegen habe ich ebensolange allerlei kleine Übel immer mehr wachsen sehen, u. a. eine fast absolut gewordene Schlaflosigkeit. Verknüpft damit ist die immer gebieterischer werdende Notwendigkeit der äußeren Schonung und der allereinförmigsten Lebensweise und die größte Reizbarkeit gegen äußere Einflüsse, psychische vor allem mitgerechnet ...

In den folgenden Jahren nahmen die Altersbeschwerden weiter zu. Der endlich konsultierte Arzt, Professor Baum aus Göttingen, stellte Anfang 1854 eine stark fortgeschrittene Herzerweiterung fest; Medikamente brachten immerhin einige Erleichterungen. Im Juni 1854 reiste Gauß mit der ihn betreuenden Tochter Therese an die Baustrecke der Eisenbahn zwischen Kassel und Göttingen, geleitet von einem langdauernden praktischen Interesse am Eisenbahnwesen. Doch kostete ihn dieses wegen seines angegriffenen Gesundheitszustandes ohnehin risikoreiche Unternehmen beinahe das Leben: Durch eine vorüberfahrende Lokomotive scheuten die Pferde der Kutsche, der Wagen stürzte um, der Kutscher wurde schwer verletzt. Doch Gauß und Therese bleiben unverletzt. An

der Einweihung der Eisenbahnlinie, am 31. Juli 1854, konnte Gauß
noch teilnehmen, wenn auch nur als Zuschauer. Es war der letzte
Tag, an dem sich Gauß einigermaßen wohl fühlte.
Im Herbst und Winter 1854 schritten die Krankheitserscheinungen
rasch fort. Gauß konnte nicht einmal an der diesmal für den September nach Göttingen einberufenen Deutschen Naturforscher-Ver-
sammlung teilnehmen. Am 7. Dezember wurden die Symptome be-
drohlich, doch konnte sich Gauß noch einmal etwas erholen. Auch
hatte Humboldt geschrieben und ihm Mut gemacht:

Wer so vieles und Großes geistig geschaffen, wer der elektrischen Sprache,
die jetzt über Meer und Land geht, zuerst Sicherheit, Maß und Flügel verliehen hat, der sollte in dem erneuten Andenken des Geleisteten auch einen
Keim zur Linderung finden.

Die letzten Lebenswochen waren für Gauß angefüllt mit schmerz-
haften Beschwerden, verursacht durch die zunehmende Wasser-
sucht. Gauß starb am 23. Februar 1855 morgens ein Uhr und
5 Minuten.
In der Hannoverschen Zeitung vom 26. Februar 1855, einem Mon-
tag, erschien die Todesanzeige:

Göttingen, den 24. Februar 1855. Gestern früh morgens starb nach fast
einjähriger Krankheit mein geliebter Vater, der Geheime Hofrath und Professor Dr. Carl Friedrich Gauß, 78 Jahre alt.

C. J. Gauß, Baurath

Die Trauerfeierlichkeiten fanden am 26. Februar statt. Professor
Ewald, der Schwiegersohn, widmete dem auf der Terrasse der
Sternwarte aufgebahrten Gauß Worte des Dankes, dem „Freund,
Lehrer und Vater". Die große Trauerrede hielt Gauß' enger
Freund, Sartorius von Waltershausen, der trotz klirrender Kälte
ausführlich die Tätigkeit von Gauß in seiner 48jährigen Tätigkeit
an der Göttinger Universität würdigte. Dann wurde der Sarg geschlossen, und Studenten, darunter Dedekind, trugen Gauß zu
Grabe. Er wurde beigesetzt auf dem Friedhof der St. Albani-Ge-
meinde in Göttingen.
Der König von Hannover ließ noch im Todesjahr 1855 eine Gedenkmünze auf Gauß prägen (Abb.9). Sie bezeichnete Gauß als
„Mathematicorum princeps" (etwa: Fürst der Mathematiker) und
gab damit den außerordentlich starken Eindruck wieder, den Gauß
auf seine Zeitgenossen ausgeübt hat. Schon 1825 hatte der junge

9 Gedenkmünze auf Gauß

Niels Henrik Abel von seiner Studienreise durch Deutschland berichtet:

Es ist außerordentlich, wie sehr die jungen Mathematiker hier in Berlin und, wie ich höre, überall in Deutschland, Gauß in den Himmel erheben. Er ist für sie der Inbegriff jeder mathematischen Vollkommenheit.

Noch unmittelbar (1856) unter dem Eindruck des lebend vor ihm stehenden Freundes hat Sartorius von Waltershausen gegen Ende seiner Biographie „Gauß zum Gedenken" folgende Worte gefunden:

Gauss war ein Mann von eisernem Character, der auch nur kräftigere Charactere hochachten konnte; alle unsteten unentschlossenen Lebensrichtungen, alles halbe Wesen so vieler Menschen war ihm durchaus zuwider. Sein eigentlicher, allen anderen Zwecken vorangehender Lebensplan, bestand in der Verkörperung seiner grossen wissenschaftlichen Ideen, in dem beharrlichen Streben die exacten Wissenschaften des 19. Jahrhunderts einem neuen Aufschwung einer neuen Vollendung entgegenzuführen. Während jeder andere Zweck des Daseins ihm nur als untergeordnet erschien, wurde dieser mit unbeschreiblicher Energie verfolgt. Bei der Durchführung dieser grossen Aufgabe wurde er von einer Willens- und Arbeitskraft beseelt, wie sie einem Sterblichen nur selten in ähnlicher Weise beschieden sein dürfte; er konnte daher wahrhaft Herculische Arbeiten in verhältnismässig kurzer Zeit bewältigen. Die innige Verbindung dieser besonderen Anlagen mit jenem göttlichen Genie und einer fast bis zu seinen letzten Jahren kräftigen Gesundheit hat jene bewunderungswürdigen Schöpfungen hervorgebracht, welche unser Jahrhundert erkennt und welche die Nachwelt dankbar verehren wird.

Bewußt empfand sich Gauß selbst als Diener an der Naturwissenschaft; daher rührt seine außergewöhnliche Leidenschaft des Arbeitens.

Den Gewohnheiten seiner Zeit entsprechend hat sich auch Carl
Friedrich Gauß mit seinen Lebensvorstellungen an besonders schönen und tiefsinnigen Aussprüchen von Denkern und Dichtern
orientiert. Zur Bezeichnung der Absichten und Motive seines Han-
delns und Wirkens pflegte der belesene Gauß mit besonderer Vor-
liebe nach Shakespeare, King Lear, leicht verändert die folgenden
Verse zu zitieren:

Thou, nature, art my goddess;
to thy laws my services are bound.
Du, Natur, bist meine Gottheit;
Deinen Gesetzen diene ich.

Chronologie

<table>
<tr><td>1777</td><td>30. April: Gauß wird in Braunschweig geboren.</td></tr>
<tr><td>1784</td><td>Gauß tritt in die Katharinenschule ein.</td></tr>
<tr><td>1792</td><td>18. Februar: Gauß wird ins Collegium Carolinum aufgenommen.</td></tr>
<tr><td>1795</td><td>März: Gauß findet selbständig das Fundamentaltheorem über quadratische Reste, das jedoch schon 10 Jahre vorher von Legendre veröffentlicht worden war. – 15. Oktober: Gauß wird an der Universität Göttingen immatrikuliert.</td></tr>
<tr><td>1796</td><td>30. März: Gauß entdeckt, daß das regelmäßige 17-Eck mit Zirkel und Lineal konstruierbar ist und beginnt mit einer entsprechenden Eintragung sein wissenschaftliches Tagebuch.</td></tr>
<tr><td>1797/99</td><td>Zahlentheoretische Studien. Untersuchungen zur Lemniskate und über elliptische Funktionen. – 16. Juli 1799: Promotion in Abwesenheit in Helmstedt bei Pfaff mit dem ersten vollständigen Beweis des Fundamentalsatzes der Algebra.</td></tr>
<tr><td>1801</td><td>Die „Disquisitiones arithmeticae" erscheinen. – Gauß berechnet auf neuartige Weise die Bahn des von Piazzi entdeckten kleinen Planeten, der Ceres; sie wird zum Jahreswechsel nach den Gaußschen Angaben wiedergefunden.</td></tr>
<tr><td>1802</td><td>Olbers entdeckt einen zweiten kleinen Planeten, die Pallas. – Gauß stellt Bahnberechnungen für Ceres und Pallas an. – Gauß erhält eine Berufung nach St. Petersburg.</td></tr>
<tr><td>1803</td><td>Gauß entschließt sich, in Braunschweig zu bleiben. – Besuch in Bremen bei Olbers.</td></tr>
<tr><td>1805</td><td>9. Oktober: Heirat mit Johanna Osthoff. – In diesen Jahren hauptsächlich Beschäftigung mit Astronomie und Bahnberechnungen von Planeten.</td></tr>
<tr><td>1806</td><td>21. August: Geburt des ersten Sohnes Joseph.</td></tr>
<tr><td>1807</td><td>Nach längeren Verhandlungen nimmt Gauß, nach dem Tode des Herzogs von Braunschweig, eine Berufung an die Göttinger Universität als Professor der Astronomie und Direktor der Sternwarte an. Am 21. November trifft Gauß mit seiner Familie in Göttingen ein.</td></tr>
<tr><td>1808</td><td>29. Februar: Geburt der Tochter Wilhelmine. – 14. April: Tod des Vaters. – Gauß nimmt seine Vorlesungstätigkeit auf.</td></tr>
<tr><td>1809</td><td>Es erscheint das astronomische Hauptwerk von Gauß „Theoria motus corporum coelestium …". – 10. September: Geburt des Kindes Ludwig (Louis). – 11. Oktober: Tod seiner ersten Frau.</td></tr>
<tr><td>1810</td><td>Gauß lehnt Berufungen nach Leipzig und Berlin ab. – 1. März: Tod des Sohnes Ludwig. – 4. August: Zweite Ehe mit Minna Waldeck.</td></tr>
</table>

1811 29. Juli: Geburt des Sohnes Eugen. – Weitreichende Studien über Kometenbewegung und zur Funktionentheorie.

1812 Veröffentlichung der Abhandlung über die hypergeometrische Reihe.

1813 29. Juli: Geburt des Sohnes Wilhelm. Am selben Tage findet Gauß einen seit 7 Jahren vergeblich gesuchten Satz aus der Theorie der biquadratischen Reste.

1815 Neuer Beweis des Fundamentalsatzes der Algebra.

1816 9. Juni: Geburt der Tochter Therese. – Im Oktober bezieht er mit seiner Familie die Dienstwohnung in der neuerbauten Göttinger Sternwarte.

1818 Gauß erhält den Auftrag, die Triangulierung des Königreiches Hannover vorzubereiten.

1820 Gauß erfindet den Heliotropen.

1821 Beginn der Gradmessung; bis 1825 leitet sie Gauß im Gelände. Später beaufsichtigt er sie von Göttingen aus. Es schließen sich differentialgeometrische Untersuchungen an.

1827 Publikation der zusammenfassenden, tiefgreifenden Untersuchungen über Differentialgeometrie: „Disquisitiones generales circa superficies curvas".

1828 Teilnahme an der Naturforscherversammlung in Berlin; zu Gast bei Alexander von Humboldt. Gauß lernt Wilhelm Weber kennen.

1829 Studien über Kapillarität. Gauß formuliert das Prinzip des kleinsten Zwanges als allgemeines Grundgesetz der Mechanik.

1830 Der Sohn Eugen geht nach den USA.

1831 W. Weber wird nach Göttingen berufen. – Gauß' zweite Frau verstirbt am 12. September.

1832 Intensive gemeinsame Arbeit von Gauß und Weber über Fragen des Magnetismus. Sie stellen das absolute physikalische Maßsystem auf.

1833 Gauß und Weber konstruieren zusammen den ersten elektromagnetischen Telegraphen. – 1833/34 wird Gauß für ein Jahr Dekan der Philosophischen Fakultät.

1836 Gründung des „Magnetischen Vereins". Gauß und Weber geben seitdem die Zeitschrift „Resultate aus den Beobachtungen des Magnetischen Vereins" heraus.

1837 Hundertjahrfeier der Göttinger Universität. – W. Weber wird als einer der Göttinger Sieben entlassen.

1838 Gauß publiziert die „Allgemeine Theorie des Erdmagnetismus". – Die Royal Society in London verleiht Gauß die Copley-Medaille. – Der erste Enkel wird in den USA geboren. – Gauß lernt intensiv Russisch.

1839 Gauß begründet mit seiner Abhandlung „Allgemeine Lehrsätze in Beziehung auf die in verkehrten Verhältnisse des Quadrats der Entfernung wirkenden Anziehungs- und Abstossungs-Kräfte" die Potentialtheorie als selbständige mathematisch-physikalische Disziplin. – 18. April: Tod der Mutter.

1841 Erneut für 1 Jahr Dekan. – Gauß lernt die Arbeiten von N. I. Lobatschewski kennen.

1843 Gauß vollendet die erste Abhandlung der „Untersuchungen über die
     höhere Geodäsie".
1848 Revolution in Deutschland.
1849 16. Juli: Goldenes Doktorjubiläum von Gauß in Göttingen festlich
     begangen. — Letzte wissenschaftliche Abhandlung.
1854 Habilitation von B. Riemann. — Gauß besucht den Bau der Eisenbahn
     zwischen Göttingen und Kassel.
1855 Gauß stirbt am 23. Februar und wird am 26. Februar zu Grabe ge-
     tragen.

Literatur (Auswahl)

[1] Carl Friedrich Gauß: Werke. Hrsg. von der Gesellschaft der Wissen-
     schaften zu Göttingen, 12 Bände, 1863–1933.
[2] Sartorius von Waltershausen: Gauß zum Gedächtnis. Leipzig 1856.
[3] Briefwechsel zwischen C. F. Gauß und H. C. Schumacher. Hrsg. von
     C. A. F. Peters, 6 Bände, Altona 1860–1865.
[4] Briefwechsel zwischen A. v. Humboldt und Gauß. Hrsg. von
     K. Bruhns, Leipzig 1877.
[5] Briefwechsel zwischen Gauß und Bessel. Hrsg. von A. Auwers, Leip-
     zig 1880.
[6] Briefwechsel zwischen C. F. Gauß und W. Bolyai. Hrsg. von
     F. Schmidt und P. Stäckel, Leipzig 1899.
[7] Wilhelm Olbers, sein Leben und seine Werke. Hrsg. von C. Schilling,
     II. Band, Briefwechsel zwischen Olbers und Gauß, 1. Abt. Berlin
     1900, 2. Abt. Berlin 1909.
[8] H. Mack: C. F. Gauß und die Seinen. Festschrift zu seinem 150. Ge-
     burtstage, Braunschweig 1927.
[9] Briefwechsel zwischen C. F. Gauß und Chr. L. Gerling. Hrsg. von
     Cl. Schaefer, Berlin 1927.
[10] E. Worbs: Carl Friedrich Gauß. Ein Lebensbild. Leipzig 1955.
[11] Karl Friedrich Gauß, Sammelband zu Anlaß seines 100. Todestages.
     Moskau 1956 (russisch).
[12] G. W. Dunnington: Carl Friedrich Gauss. Titan of Science. New
     York 1955 (englisch).
[13] Gedenkband anläßlich des 100. Todestages von C. F. Gauß. Hrsg. von
     H. Falkenhagen, B. W. Gnedenko, E. Kähler, W. Klingenberg, R.
     Kochendörffer, A. I. Markuschewitsch, G. J. Rieger, H. Salié, K.
     Schröder, O. Volk, Leipzig 1957.
[14] K.-R. Biermann: Zum Verhältnis zwischen Alexander von Humboldt
     und Carl Friedrich Gauß. Wiss. Z. Humboldt-Univ. Berlin, Math.-
     Nat. Reihe VIII (1958/59) S. 121–130.
[15] H. Wußing: Karl Friedrich Gauß. In: Von Adam Ries bis Max
     Planck, hrsg. von G. Harig, Leipzig 1961.
[16] T. Hall: Gauss. Mathematikernas Konung. Stockholm 1965 (schwe-
     disch).

[17]   T. Hall: Carl Friedrich Gauss. Cambridge/London 1970 (englisch, Übersetzung von [16]).

[18]   H. Schimank: Carl Friedrich Gauß. Mitteilungen der Gauß-Gesellschaft Göttingen Nr. 8 (1971) S. 6–31.

[19]   K.-R. Biermann: DDR-Schrifttum über C. F. Gauß. Mitt. Math. Ges. DDR 1974, H. 4, S. 73–80.

[20]   H. Reichardt: Gauß und die nichteuklidische Geometrie. Leipzig 1976.

[21]   C. F. Gauß: Mathematisches Tagebuch 1796–1814. 3. Aufl. Leipzig 1981. Ostwalds Klassiker der exakten Wissenschaften Nr. 256.

[22]   Briefwechsel zwischen Alexander von Humboldt und Carl Friedrich Gauß. Neu ediert durch K.-R. Biermann, Berlin 1977.

[23]   Gauß-Festschrift. Abh. Akad. Wiss. DDR Nr. 3 (1978).

[24]   K.-R. Biermann: Aus unveröffentlichten Aufzeichnungen des jungen Gauß. Wiss. Z. TH Ilmenau 23 (1977) H. 4, S. 7–24.

[25]   H. Wußing: C. F. Gauß und die Tendenzen der Mathematik während der ersten Hälfte des 19. Jahrhunderts. Prague 1981 (Abhandlung auf dem Symposion „Impact of Bolzano's Epoch on the Development of Science", Prag, September 1981).

[26]   G. Hirsch: Die Entwicklung der Mathematik im 19. Jahrhundert und die mathematische Analysis. In: Mathemata, ed. M. Folkerts. Stuttgart 1985.

[27]   D. A. Cox: The arithmetic-geometric mean of Gauß. Enseign. Math. 30 (1984) S. 275–330.

[28]   J. J. Gray: A commentary on Gauss's mathematical diary 1796–1814 with an English translation. Expos. Math. 2 (1984) S. 97–130.

[29]   W. C. Waterhouse: A neglected note showing Gauss at work. Historia Math. 13 (1986) S. 147–156.

[30]   Gaußsche Flächentheorie, Riemannsche Räume und Minkowski-Welt. Leipzig 1984.

[31]   C. F. Gauß: Disquisitiones arithmetica. Revised English translation. Translated by A. A. Clarke. Berlin 1986.

[32]   S. G. Vladut: Über die Geschichte der komplexen Multiplikation. Gauß, Eisenstein und Kronecker. Istor.-mat. issled. 27 (1983) S. 190 bis 238.

MIX
Papier aus verantwortungsvollen Quellen
Paper from responsible sources
FSC® C105338

If you have any concerns about our products,
you can contact us on
ProductSafety@springernature.com

In case Publisher is established outside the EU,
the EU authorized representative is:
Springer Nature Customer Service Center GmbH
Europaplatz 3, 69115 Heidelberg, Germany

Printed by Libri Plureos GmbH
in Hamburg, Germany